细颗粒物捕集数值模型

张巍 编著

Numerical Model of Capturing Fine Particulates

U0387870

化学工业出版社

·北京·

《细颗粒物捕集数值模型》介绍了陶瓷过滤材料、细颗粒物的基本性质，并重点阐述了陶瓷过滤捕集超细颗粒物过程中，细颗粒物的团聚和挤压、团聚体的坍塌密实机制、表面积炭层多重分形分析方法、积炭层微观分形面构造方法、过滤捕集粉尘的压降和效率模型以及动态过滤模型的构建等方面的最新研究进展，涵盖了超细颗粒物捕集机理研究所涉及的界面化学、静电吸附、分形分析等基础理论以及 Weierstrass-Mandelbrot 函数面重构、多重分形谱原理等研究方法，系统介绍了从材料特性到动态陶瓷过滤模型的建立。

本书适合从事高温细颗粒捕集工艺研究、设计、开发的技术人员和管理人员阅读，也可供高等院校相关专业师生参考。

图书在版编目（CIP）数据

细颗粒物捕集数值模型/张巍编著. —北京：化学
工业出版社，2019.12
ISBN 978-7-122-35855-4

Ⅰ.①细…　Ⅱ.①张…　Ⅲ.①粒状污染物-污染防
治-数值模拟　Ⅳ.①X513

中国版本图书馆 CIP 数据核字（2019）第 278237 号

责任编辑：刘志茹　宋林青　　　　　　　装帧设计：关　飞
责任校对：盛　琦

出版发行：化学工业出版社（北京市东城区青年湖南街 13 号　邮政编码 100011）
印　　装：涿州市京南印刷厂
710mm×1000mm　1/16　印张 12¾　字数 249 千字　2020 年 4 月北京第 1 版第 1 次印刷

购书咨询：010-64518888　　　售后服务：010-64518899
网　　址：http://www.cip.com.cn
凡购买本书，如有缺损质量问题，本社销售中心负责调换。

定　　价：78.00 元　　　　　　　　　　　　　　　　版权所有　违者必究

序 ⇒⇒⇒⇒⇒

　　长期以来，烟霾已成为一个影响社会经济发展和人民群众生活的生态环境问题。在这本书即将出版之际，长沙市政府发布污染天气橙色预警，2019 年 12 月 14 日 5 时开始至 15 日 11 时，长沙空气质量指数（AQI）持续维持重度污染 30 个小时，为保护全体市民的健康，建议儿童、老年人和呼吸系统、心脑血管疾病患者等易感人群减少户外活动，采取个人防护措施；中小学、幼儿园停止体育课、课间操、运动会等户外运动；企业生产、喷涂、汽修、家装等过程中减少易产生挥发性有机物（VOCs）的原材料及产品的使用；强制在工业企业开展错峰生产、停产或限产工作，减少全市二氧化硫（SO_2）、氮氧化物（NO_x）、颗粒物（PM）和挥发性有机物（VOCs）的工业排放量；预警期间 24 小时在"四桥两隧"对机动车实行单双号限行，城市道路按照常规应急处理每日洒水降尘不少于 3 次，针对重点区域增加洒水降尘 2 次以上，保证道路无积砂、积泥、积尘。

　　烟霾的主要来源是燃煤发电和工业炉窑气态污染物的排放及机动车尾气，由于其粒度非常细微，绝大部分不可沉降，由此给发展了二百多年的过滤式除尘技术带来了前所未有的挑战。为此，国内外学者都在深入研究烟霾的控制与捕集。目前对于细颗粒物捕集新技术的开发，最关键在于深入了解细颗粒物与捕集介质之间相互作用的行为机理，如细颗粒物碰撞聚并生长、滤饼的形成、微观界面的变化规律以及孔隙中细颗粒物的运动规律等。然而由于实验与技术手段的限制，这些问题长期困扰着工程技术人员及科研人员。

　　随着现代科学技术的迅猛发展，在计算机技术高度发展的今天，计算机辅助建立数值模型是工业技术问题解决方法发展的必然产物，工程技术人员及相关学者又多了一条探索科学真理和解决实际问题的手段和方法。由此，解决工程技术问题不再是纯粹的经历数次失败尝试后得到的经验探索成果，而是基于实践过程中抽象出科学的理论模型进行仿真计算后，再进行实验验证的过程。因此，要真正意义上解决烟霾问题，就必须根本上以科学技术前沿研究引领工程技术来解决关键共性技术问题，从而开发出具有颠覆性的创新性现代工程技术。

"十年磨一剑，剑气自然生。"作者张巍是湖南大学环境科学与工程学院李彩亭教授、魏先勋教授（2011 年 7 月过世）和我培养的国际国内一流水平的优秀博士，博士论文期间（2005—2011 年）就已经较好地开始了细颗粒物污染和控制方面的研究，张巍博士论文《微孔陶瓷过滤法控制燃煤窑炉黑烟污染的理论研究》的相关研究成果曾在环境科学与工程领域国际国内优秀刊物 Environmental Science & Technology 上发表（2011，45（10）：4415-4421）。

2011 年张巍毕业后进入长沙理工大学能源与动力工程学院工作，一直从事细颗粒物聚并与捕集方面的科学研究，经过近 14 年的深入研究，这本凝聚了多年心血的《细颗粒物捕集数值模型》一书终于得以面世，该书以实验研究为基石，以理论方法为导向，以数值建模为手段，将实验与理论研究相结合，由此探索出细颗粒物一些共性的规律。在一个好的物理模型的基础上，采用计算机辅助数值模拟来开展"虚拟实验"研究工作，解决工程问题，可以大大节约实际探索过程所需要的人力、物力和财力，并且能够很大程度上避免由于"经验惯性"带来的错误，为加速新技术的开发研究进程提供理论基础。

相信本书的出版，会在一定程度上缓解细颗粒物捕集相关图书不足的困境，为解决工程技术问题以及开发新技术提供一定的理论支持，并对专业从事细颗粒物脱除工作的科研人员、工程技术人员及开展相关研究的研究生有一定的启示。

曾光明

2019 年 12 月 19 日于湖南大学环境馆

前　言 ⇉⇉⇉⇉

随着现代工业的飞速发展和汽车保有量的不断增加，工业排放和汽车尾气产生的可吸入细颗粒物污染了大气环境，危害着人类健康。在近几十年里，对有组织排放源细颗粒物的治理引起了人们的高度重视。各种针对细颗粒物的聚并、捕获、脱除的新材料和新方法得到了长足的发展，特别是有关细颗粒物凝并的各种新技术层出不穷。在细颗粒物的各种捕集方法中，陶瓷滤料由于具有复杂的孔隙结构和较小的孔隙率、不容易被穿透且耐高温的特点，因而受到各行业的青睐，汽车行业还采用特种陶瓷做成三效过滤催化剂，既可以起到催化脱除污染物的作用，还可以捕集炭黑。然而，目前人们对细颗粒物捕获过滤中的团聚、聚集成饼、微面形成、对压降的影响及其相应的行为机理还不是很了解，以至于很多新方法的产生都只能是基于复杂的现场工艺调整和摸索得到的，因而对刚性陶瓷过滤的物理过程进行数字化建模显得尤其重要。

由于细颗粒物来源种类繁多、成分复杂，其物理化学性质也千差万别，捕集的技术难度随来源不同也各有差别，因而在有限的篇幅内不可能完全概括细颗粒物聚并捕集机理的所有内容。考虑到这一点，本书把讨论重点放在了细颗粒物在多孔陶瓷滤料表面的分形聚并、积炭的形成机制、积炭层多重分形分析方法、积炭微观表面构造方法、陶瓷动态捕集过程等方面，希望读者在阅读本书之后，能对陶瓷过滤材料捕集高温细颗粒物的行为机理、积炭的成因及影响有一些基本的了解，并能由此衍生出一些先进的捕集和操作技术。至于许多更为专门的有关细颗粒如何聚并、聚并的行为机理、单颗粒形成生长机理方面的论述，读者可进一步参考其他专著以及相关参考文献。

本书第①章介绍了大气颗粒污染物的主要特征、工业烟气过滤式相关捕集技术、多孔陶瓷过滤器捕集颗粒物及经典过滤理论；第②章介绍了陶瓷过滤材料生产工艺、表面特性、结构特性、热力学特性和主要化学组成；第③章介绍了细颗粒物的来源及分类、化学组成、物理特性；第④章介绍了粉尘集聚成团、团聚体相互挤压形成坍塌及其对过滤压降的影响；第⑤章采用多重分形理论对陶瓷三效催化过滤器表面积炭层进行多重分形谱计算，确定广义分形维度及积炭层的加权矩随变特性，由此确定积炭层微观表面的均一性；第6章应用 Weierstrass-Mandelbrot 函数（W-M Function）对积炭层表面进行分形重构，并将构造积炭与真实表面进行了对比分析；第7章考虑细颗粒物的比截留量引入了等效平均孔隙率的概念，介绍了比截留量对陶瓷过滤中压降的影响规律；第8章在考虑比截留量的情况下构建了陶瓷过滤效率模型，并讨论了相应的影响因素；第9章构建了带清灰操作的动态过滤循环模型。

多年来在各方大力支持下，特别是在国家自然科学基金、湖南省自然科学基金和国家留学基金的资助下，本人多年开展的陶瓷捕集细颗粒物相关基础理论研究工作为本书积累了丰富的素材；本书的出版还得到了长沙理工大学出版基金的赞助，在此一并对各有关科学基金和出版基金的资助表示衷心的感谢。

本书主要内容是基于博士期间开展的研究工作，并结合本人在该领域独立开展近十年的研究工作，由此特别感谢湖南大学环境科学与工程学院院长暨长江学者曾光明教授的亲切关怀、两位博导李彩亭教授和魏先勋教授在我攻读博士期间的悉心指导，魏先勋教授已于2011年与世长辞，该书的出版也是对魏老师深切的缅怀。

本书撰写过程中，长沙理工大学能源与动力工程研究室尹艳山博士参与了第1章、第2章和第3章的撰写，同时还得到了研究室宋权斌副教授、胡章茂博士、曹文广博士、冯磊华副教授、徐慧芳讲师、田红副教授、阮敏博士和水利学院余关龙博士等同事以及本课题组研究生的大力帮助，本人对此深表感谢。

感谢出版基金评审委员会陈荐教授、刘亮教授、鄢晓忠教授、陈冬林教授的宝贵意见和建议。

特别感谢在加拿大北不列颠哥伦比亚大学访学期间的合作导师Jianbing Li 教授的耐心指导和提供的科研条件，以及 Hossein Kazemia 教授给出的良好建议，使本书得以顺利地完成。

同时，还感谢家人对我的理解与支持，正是他们对家庭默默地付出，我才得以有充足的时间完成本书的编写。

本书可供航空、能源、动力、环境、交通、机械等工程领域的科技人员参考，也可作为相关专业的研究生、本科生教材。

由于水平有限，书中疏漏与不妥之处在所难免，敬请广大读者不吝指正。

2019 年 5 月于长沙理工大学
能源与动力工程学院

目 录 ⇥⇥⇥⇥⇥

第3章　细颗粒物的物理化学性质　/ 38

第4章　细颗粒物团聚、挤压、坍塌形成粉饼机理　/ 67

第5章 陶瓷三效催化过滤器表面积炭层多重分形分析 / 94

第8章 陶瓷过滤器捕集效率模型 / 157

第9章 陶瓷过滤器脉冲清灰过滤模型 / 171

附录 / 189

第1章

绪 论

1.1 大气颗粒污染物主要特征

煤炭是我国主要能源之一,目前我国煤炭生产与消费量均居世界首位[1]。2017年,中国一次能源消费量为44.9亿吨标准煤,其中,煤炭所占比重已下降到60.4%。折合成实物量,2017年的中国煤炭消费量为38.7亿吨[2]。据中国煤炭工业协会数据,2018年1~9月,全国煤炭消费量约28.75亿吨,同比增加8400万吨,增幅为3%[3]。由于我国逐步推进循环经济的发展,稳步实现节能减排的目标,工业煤炭消费量同比依赖性逐渐下降,但同时由于我国生产规模的扩大和经济稳步增长,各行业对煤炭的需求量也在逐渐增加,因此我国煤炭的消费比重基本上稳定在70%左右[4]。从年均增速看,"十三五"能源消费总量年均增长在2.5%左右,比"十二五"低1.1个百分点。随着天然气发电和生物质能(如垃圾焚烧)发电的大力发展,到2020年以燃烧方式为主体的能源总消耗量将达到34.5亿吨标准煤/年[5]。能源的消耗特别是煤的消耗已成为我国主要的人为城市污染。

1.1.1 大气颗粒污染物的来源

大气中的颗粒物主要来源于污染源的排放。烟尘的主要排放源是火电厂和工业锅炉。据文献报道,在排放的颗粒物污染中,有60%颗粒物污染来自于化石燃料燃烧[6],其中以煤燃烧产生的颗粒污染最多。根据中国电力企业联合会统计,截至2016年底,发电装机容量达16.5亿千瓦,其中煤电装机容量9.4亿千瓦,占发电装机总量的57.3%[7],使得能源的需要量增大,并且火电厂煤种的变化很大,燃料煤的灰分与挥发分较高,烟尘中存在很多悬浮颗粒物。除此之外的颗粒污染源主要来自生活排放，如机动车发动机产生的黑烟、生活燃煤黑烟、材料加工碾磨粉尘、机动车行驶扬尘以及大风扬尘等[8]，这些污染源分散，污染量小，所以生活中产生的烟尘一般不在处理考虑范围内。

1.1.2 大气颗粒污染物的分类

根据定义，总悬浮颗粒物主要包括固体形态的颗粒物和液体形态的颗粒物。根据文献报道，颗粒物是存在于大气中的非流态物质的团聚体。一般来说，它的粒径范围是 $0.1 \sim 100 \mu m$，其主要存在形式为气溶胶颗粒、飞灰、液滴、雾滴等。气溶胶颗粒是悬浮在大气中的微小固体尘埃，不容易沉降下来[9]。颗粒物通常根据其粒径大小来分类，我们常见的悬浮颗粒通常分为三大类：TSP、PM_{10} 和 $PM_{2.5}$[10]。TSP 是粒径大于 $10 \mu m$ 的悬浮颗粒物，因此 TSP 的颗粒物一般比较大，它是一种肉眼可见的颗粒，容易沉降下来；PM_{10} 是粒径小于 $10 \mu m$ 的悬浮颗粒物，PM_{10} 为飘尘并且是一种可吸入颗粒；$PM_{2.5}$ 是粒径小于 $2.5 \mu m$ 的悬浮颗粒物；粒径小于 $0.1 \mu m$ 的通常被称为亚微米粒子。亚微米粒子属于超细微粒，在我们生活中无处不在，它不是烟尘污染考虑的重点。TSP 易于沉降，使得其在烟尘中的含量也比较少，因而 TSP 也不是主要污染颗粒物。PM_{10} 和 $PM_{2.5}$ 由于在环境中的持续时间长、容易随空气进入人体的呼吸道，成为疾病的诱因[11]，并且这种颗粒悬浮于空气中不易沉降。一般来说，燃烧不充分的可燃性材料将变成炭黑颗粒，大量的悬浮炭黑颗粒在烟气中呈黑色，使得排放的黑烟林格曼黑度达不到国家排放标准。

燃煤烟气主要有如下特征：排放的黑烟颗粒主要为 PM_{10} 和 $PM_{2.5}$，黑烟呈气溶胶状，除了颗粒之外气体中还包含大量的有毒气体[12]，所以黑烟中悬浮颗粒物的平均中位径是评价对环境影响的一项重要指标。

总悬浮颗粒物是指飘浮在空气中的固态和液态颗粒物的总称，其粒径范围为 $0.1 \sim 100 \mu m$。有些颗粒物因粒径大或颜色黑可以为肉眼所见，而有些颗粒物则需要借助高倍电镜才能够观测到。根据粒径大小不同，空气中的颗粒物所表现的物理特征也各有不同。对颗粒物尚无统一的分类方法，习惯上采用以下方法。

① 尘粒：较粗的颗粒，粒径大于 $75 \mu m$。

② 粉尘：粒径为 $1 \sim 75 \mu m$ 的颗粒，一般由工业生产上的破碎和运转作业所产生。

③ 亚微粉尘：粒径小于 $1 \mu m$ 的粉尘。

④ 炱：燃烧、升华、冷凝等过程形成的固体颗粒，粒径一般小于 $1 \mu m$。

⑤ 雾尘：工业生产中的过饱和蒸汽凝结和凝聚、化学反应和液体喷雾所形成的液滴，粒径一般小于 $10 \mu m$。由过饱和蒸汽凝结和凝聚而成的液雾也称霾。

⑥ 烟：由固体微粒和液滴所组成的非均匀体系，包括雾尘和炱，粒径为 $0.01 \sim 1 \mu m$。

⑦ 化学烟雾：分为硫酸烟雾和光化学烟雾两种。硫酸烟雾是二氧化硫或其他硫化物、未燃烧的煤尘和高浓度的雾尘混合后起化学反应所产生的，也称伦敦型烟

雾。光化学烟雾是汽车废气中的烃类化合物和氮氧化物通过光化学反应所形成的，光化学烟雾也称洛杉矶型烟雾。

⑧ 煤烟：煤不完全燃烧产生的炭粒或燃烧过程中产生的飞灰，粒径为 $0.01\sim1\mu m$。

⑨ 煤尘：烟道气所带出的未燃烧煤粒。

不同粒径的粉尘具有不同的重力沉降特性，按照重力沉降特性可将粉尘分为两大类。

① 降尘：粒径大于 $10\mu m$ 的颗粒，能较快地沉降。

② 飘尘：粒径小于 $10\mu m$ 的颗粒，飘尘通常又被称为 PM_{10}，可以长期飘浮在空中，是一种可进入人体呼吸道的颗粒物。根据世界卫生组织（WHO）提出的安全颗粒物界定标准，飘尘又可分为云尘和浮尘。

云尘：粒径为 $2.5\sim10\mu m$ 的颗粒，主要产生于机械过程（如建筑活动、道路扬尘和风）。

浮尘：粒径小于 $2.5\mu m$ 的颗粒，通常又称为 $PM_{2.5}$，主要来源于燃料燃烧过程。

通常根据英文词汇"particulate matter"的首字母把颗粒物简写为 PM，再根据粒度大小规定颗粒物的名称，如粒径 $<10\mu m$、$<5\mu m$、$<2.5\mu m$、$<1\mu m$ 的颗粒物分别定义为 PM_{10}、PM_5、$PM_{2.5}$、PM_1。一般来说，PM_{10} 属于可吸入颗粒物，进入人体之后会沉积在呼吸道、肺泡等部位，从而引发疾病。颗粒物的直径越小，进入呼吸道的部位越深，$10\mu m$ 直径的颗粒物通常沉积在上呼吸道，$5\mu m$ 直径的可进入呼吸道的深部，$2\mu m$ 以下的可 100% 深入细支气管和肺泡。

随着的工业迅猛发展和家庭汽车保有量的不断攀升，大气中的悬浮颗粒物浓度在不断增加，导致近年来雾霾天气和酸雨天气频发，对大气能见度和环境影响很大。一些颗粒物来自污染源的直接排放，比如烟囱与车辆，而另一些则是由环境空气中硫氧化物、氮氧化物、挥发性有机化合物及其他化合物互相作用形成的细小颗粒物[13]，它们的化学和物理组成依地点、气候、一年中的季节不同而变化很大。可吸入颗粒物（PM_{10}）通常来自在未铺沥青、水泥的路面上行使的机动车、材料的破碎碾磨处理过程以及被风扬起的尘土。粒径小于 $2.5\mu m$ 的细微粒子（$PM_{2.5}$）通常含有大量有害物质，例如 Pb、Mn、Cd、Sb、Sr、As、Ni、硫酸盐、多环芳烃等[14]，并且在空气中滞留时间长，易将污染物带到很远的地方使污染范围扩大，对环境的有害影响还包括散射阳光、降低大气的能见度等。可吸入颗粒物同时在大气中还可为化学反应提供反应床，是气溶胶化学中研究的重点对象，已被定为空气质量监测的一个重要指标。

2013 年 2 月，全国科学技术名词审定委员会召开了为"$PM_{2.5}$"命名的讨论会。经过专家讨论，委员会确定将 $PM_{2.5}$ 的中文名称命名为"细颗粒物"（图 1-1）。这一命名考虑了很多方面，能让大家通俗易懂，也为以后其他命名留有空间。也就是说，PM_{10} 的中文名称为"可吸入颗粒物"，而 $PM_{2.5}$ 直径要比它小，并且之后还有 PM_1 的出现，将 $PM_{2.5}$ 的中文名称定为"细颗粒物"，PM_1 如果命名可以称为"超细颗粒物"。虽然 PM_{10} 是被广泛报道的监测颗粒物，并且在大多数流行病学研究中也是指示性颗粒物，但 WHO 关于颗粒物的空气质量准则（AQG）所依据的

是以 $PM_{2.5}$ 作为指示性颗粒物的研究。根据 PM_{10} 的准则值及 $PM_{2.5}/PM_{10}$ 的比值为 0.5，修订了 $PM_{2.5}$ 的准则值。对于发展中国家的城市而言，$PM_{2.5}/PM_{10}$ 的比值为 0.5 是有代表性的，同时这也是发达国家城市中比值变化范围（0.5～0.8）的最小值。在指定当地标准并假定相关数据是可用的情况下，这个比值会有所不同，也就是说，可采用能较好反映当地具体情况的比值。

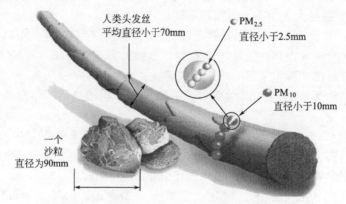

图 1-1　PM_{10} 与 $PM_{2.5}$ 与宏观物体尺寸对比

1.1.3　颗粒污染物的主要危害

由于 PM_{10} 不易从大气中沉降下来且粒径较大，所以它对人体危害最大。当这些颗粒物被吸入到肺叶中，会在肺泡中沉降并累积，引起肺叶的硬化[15]。颗粒的粒径越小，越易被吸入呼吸道及肺叶中，引起各种疾病。根据沉积颗粒粒径不同，引发的疾病种类也不相同，粒径较大的颗粒可能引起哮喘病，而粒径较小的颗粒能够引起心脏病，降低免疫能力，并加速肺功能的退化[16]，因而老弱孕等抵抗力较低的人群暴露于高尘环境中是相当危险的。同时烟气中的 PM_{10} 进入大气后也增大了林格曼黑度，从而严重地影响了大气的能见度，并且沉降下来的粉尘覆盖在植物的叶子上，导致植物无法进行光合作用而逐渐枯死[17]。

1.2　工业烟气过滤式捕集技术概述

1.2.1　过滤式除尘技术概述

根据滤料的形式不同，工业炉窑烟气粉尘过滤式分离净化装置主要可分为四种类型[18]：膜过滤器、纤维材料过滤器、颗粒床过滤器和织物过滤器。所有的过滤器收集颗粒时的机理大致相同。膜过滤器一般是通过很多超细渗滤孔让流体通过，将固体颗粒物捕集在膜表面，但是也有很多超细微粒进入或者通过这些超细微孔，因此采用膜过滤的形式一般适用于固相加载量相对较低的流体。

纤维材料过滤器主要由很多细小的纤维构成的毡状平垫组成，并且这些细小纤维的单纤维过滤效率都很高，纤维直径越细，过滤效率越高。过滤式除尘器运行时，过滤材料的厚度是过滤效率与压降的一个重要影响因素，过滤效率随厚度增加而得到提高，但是过滤材料太厚时会导致过滤压降太高。因而，过滤器通常只能在较低的压降下工作，而且对于不同气体采用适合的过滤厚度也非常关键[19]。

颗粒床过滤器主要是由无数个固体小颗粒的外表面作为收集表面，因此固体颗粒床的比表面积对过滤效果也是很重要的，经除尘过滤后的固体颗粒可以拆除后或通过脉冲反吹进行再生处理，使之循环使用，并且固体颗粒对温度的适应性很好，适合于在高温条件下使用，其中陶瓷过滤材料就属于固化后的颗粒床过滤器。

织物过滤器主要是通过一个单独的织物层作为过滤介质层，这种过滤器的过滤效率一般不太高，主要是因为织物材料之间缝隙通常要比颗粒的尺寸大，含尘气流中的固相粒子很容易穿过织物过滤层，只有足够的粉尘粒子被捕集到织物过滤器的表面，才能通过粉饼的过滤作用增强过滤效果，而当过滤器再次经过清灰循环时，附着在过滤器表面的粉饼被清理干净后，织物过滤器的效果又与洁净状态下比较相近[20]。因此一般采用织物过滤器时，必须对织物的尺寸及缝隙大小进行严格的设计。

1.2.2　陶瓷多孔介质除尘技术概述

陶瓷过滤器由于具有耐高温的优点，在工业中应用越来越广泛。过滤器中的陶瓷过滤元件的基本材料主要是陶瓷纤维，陶瓷纤维在800℃使用时可以保证长期工作无故障出现，并且在1100℃也不会因为温度过高而失效[21]。陶瓷过滤元件主要有5种形式：陶瓷编织纤维滤袋[22]、刚性陶瓷纤维滤袋[23]、刚性蜡烛状陶瓷过滤单元[24]、刚性陶瓷纤维过滤管[25]及陶瓷过滤块[26]。陶瓷编织纤维滤袋最大的优点是不像传统的刚性陶瓷过滤管那么笨重，因此陶瓷过滤器的拆装转移都变得很便捷，而且新一代产品Nextel™312陶瓷编织纤维滤袋可耐800℃高温，但这种过滤元件最大的问题是拆装转移时容易脆断。刚性陶瓷纤维滤袋可耐高温850℃，厚度较薄而且刚性较好。刚性蜡烛状陶瓷过滤单元抗化学腐蚀性能好，并且有很好的耐热与抗压性，因此陶瓷过滤器在运行条件恶劣的情况下也不易遭到破坏。刚性陶瓷纤维过滤管在高压的喷吹作用下更能抗压。陶瓷过滤块的净化效率高、过滤阻力小、清灰彻底、使用寿命长，但其价格较贵，随着陶瓷过滤器的应用，其价格日趋便宜。

陶瓷过滤器都是基于陶瓷滤管在花板上的排列组成一个总成，根据陶瓷滤管总成的层数、气流进出口位置的布置以及一些结构尺寸的特点进行设计的，很多国际公司生产了一些特殊的陶瓷过滤器[27]。

（1）西屋陶瓷过滤装置

西屋陶瓷过滤装置（Westinghouse）的主要特点是具有四组串挂陶瓷过滤元件总成组，每组串挂总成组由三层多孔陶瓷过滤元件总成，每组总成的陶瓷过滤管均布在花板上，所有的串挂总成组共用一个气室，气体从下部进气。西屋陶瓷过滤装置见图1-2。

图1-2　西屋陶瓷过滤装置

该装置的特点是过滤效率高，设备检修维护方便，并且适合于大风量的气体过滤。过滤串挂总成可旋转，检修人员站在检修平台上即可进行检修。

（2）苏马契尔陶瓷过滤装置

苏马契尔陶瓷过滤装置（Schumalith）由很多过滤元件总成均匀分布在一个总体花板上，每个过滤元件总成中的陶瓷过滤管均匀分布在总成的花板上，进气口用一个很有特点的U形文氏风管将含尘气流引入陶瓷过滤管总成的附近，脉冲反吹通过每个总成内部将脉冲压力输送到每根陶瓷管上，粉尘经反吹后一起落入大灰斗（图1-3）。

该装置的特点是用一根U形文氏风管将气流对称地分布在过滤装置气室的两侧，下行式输送粉尘更方便，并且单花板的设计使得维修更加方便，其主要缺点是在既定的壳体内装置的直径内无法达到过滤单元数的最大化。

（3）LLB陶瓷纤维过滤装置

LLB陶瓷纤维过滤装置（图1-4）的过滤单元从底部支撑，通过一个水平管定位，净化气体从水平管通到一个垂直管进入上部气室。蜡烛状过滤单元成组垂直叠放，这样的壳体可放置多层。每一组过滤单元可以同时得到清灰。

该装置的特点为排列更加紧凑，制作大过滤器更灵活，倒置的重物定位块产生的收缩应力有利于接头的密封，并且增加了陶瓷过滤单元的结构稳定性，脉冲清灰气体与净化后的气体混合避免了过滤单元的热应变冲击，很大程度上避免了对低层蜡烛状过滤元件总成的粉尘再沉降。

（4）BWE陶瓷纤维过滤装置

BWE陶瓷纤维过滤装置（图1-5）两端具有固定式过滤单元结构，上端接一个水平出气管，下端用限位块固定，限位块正面有拨动装置提供可变力，以保证密封严密，由于没有花板，因此可增加过滤单元的数量或者使除尘装置变小。该装置的特点为过滤效率高、耐高温能力强、清灰效果好。

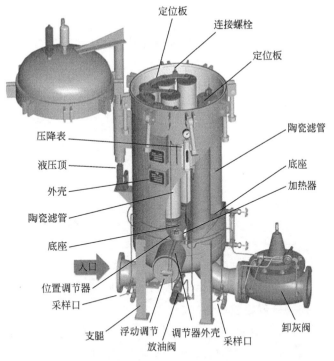

定位板

连接螺栓

定位板

压降表

陶瓷滤管

液压顶

底座

外壳

加热器

陶瓷滤管

底座

入口

位置调节器

采样口

卸灰阀

支腿　浮动调节　调节器外壳　采样口
　　　　放油阀

图 1-3　苏马契尔陶瓷过滤装置

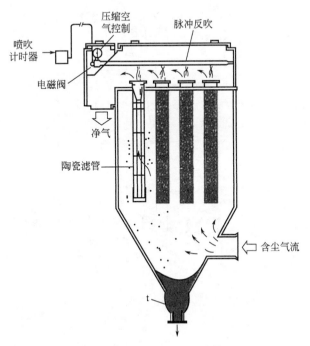

压缩空
气控制

脉冲反吹

喷吹
计时器

电磁阀

净气

陶瓷滤管

含尘气流

t

图 1-4　LLB 陶瓷纤维过滤装置

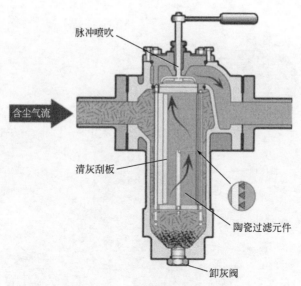

图 1-5 BWE 陶瓷纤维过滤装置

（5） KE-85 陶瓷纤维过滤装置

KE-85 陶瓷纤维过滤装置（图 1-6）的过滤元件与布袋相似，是一端开口一端封闭的管，所有的管都均匀分布在同一个花板上，管的安装是通过一个卡环将锥形口通过密封垫压紧在花板扣碗上，进气口由一根 L 形管将含尘气体引入陶瓷过滤

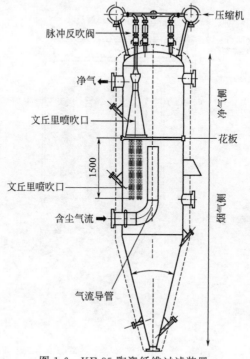

图 1-6 KE-85 陶瓷纤维过滤装置

单元的附近来增强气流的均匀性。该装置的特点为安装维护简单，脉冲喷吹系统清灰简单，密封性能好。

（6）IFP 陶瓷纤维过滤装置

IFP 陶瓷纤维过滤装置（图 1-7）是一种单层设计，在陶瓷纤维花板上镗孔用于支持过滤单元法兰，一个陶瓷板固定在法兰上使过滤单元朝下固定，通过移开陶瓷板，可以将花板提起后进行检查。该装置的特点为发展了另一种过滤单元向下固定的设计，这种设计使操作人员可以通过松开紧固套方便地拆卸、更换过滤单元或进行检修。

图 1-7　IFP 陶瓷纤维过滤装置

（7）AGC 陶瓷纤维过滤装置

AGC 陶瓷纤维过滤装置（图 1-8）内有 3 个垂直分布的过滤室和反吹脉冲管道，反吹管道与过滤器的气流出口共用，除尘器内过滤板被两端的花板固定，花板将过滤器分为几个气室，花板采用进入锅炉的冷水冷却。该装置为内滤式过滤，清

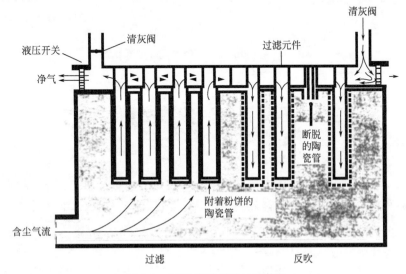

图 1-8　AGC 陶瓷纤维过滤装置

灰由外向内逆气脉冲喷吹。

（8）Gerafilter ＬＰ陶瓷纤维过滤装置

Gerafilter ＬＰ陶瓷纤维过滤装置（图 1-9）是从上部垂直进气，净气从下部水平出口流出，蜂窝状的过滤砖将装置分隔为内外气室，当气流垂直进入过滤器后，水平穿越过滤砖进入外室，再由出口排出，过滤的粉尘落入内部灰斗中。该装置的特点是过滤器的 16 个集成块组成 7 个过滤单元，每一个集成块都有各自的文氏管，使反向脉冲气流均匀分布于过滤单元中，以提高喷吹效果。

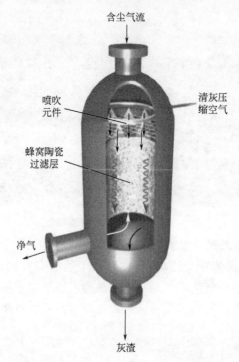

含尘气流

喷吹
元件

清灰压
缩空气

蜂窝陶瓷
过滤层

净气

灰渣

图 1-9　Gerafilter ＬＰ陶瓷纤维过滤装置

1.3　多孔陶瓷过滤器捕集颗粒物特点

目前用于高温烟气净化的方法比较有限，主要有纤维过滤器、静电除尘器、湿式洗涤器和旋风除尘器。为了高效除尘，纤维过滤器和湿式洗涤器需要首先冷却烟气，温度维持在很窄的范围内，另外，对于 200℃的烟气，直接使用常规布袋除尘器具有一定风险[28]。然而，许多工业烟气属于高温烟气，如火力发电、燃煤锅炉、工业炉窑、冶炼、焚烧、余热回收利用等。在这一背景下，既要满足严格的排放标准，又要不受高温条件所限，高温烟尘过滤技术成为大气污染控制领域一个极重要的研究方向。

多孔陶瓷过滤器的核心部件为陶瓷纤维，多孔陶瓷纤维在烟温为 800℃ 甚至 1100℃ 的情况下长期使用很少出现滤料故障[29]。目前，陶瓷纺织纤维滤袋已在许多高温烟气净化中使用，然而其最大问题是纤维脆弱易断[30]。针对陶瓷纤维易折断的问题，刚性陶瓷纤维过滤管应运而生，在持续高压喷吹的作用下，多孔陶瓷纤维过滤管具有更强的承受能力[31]。多孔陶瓷过滤器过滤单元由耐温性好、抗腐蚀性佳、机械强度和抗热冲击能力强的耐火陶瓷聚合而成[32]。研究多孔陶瓷过滤器的性能多集中在压力损失上，从某种意义上说，多孔陶瓷过滤器的压力损失和除尘效率同样重要。这是因为陶瓷滤料除尘效率很高，而压力损失直接影响陶瓷过滤除尘器以及整个生产系统的运行状况[33]。多孔陶瓷过滤器的工作原理为：含尘气体由外向内经过过滤层，在滤料表面沉积形成粉饼，预定时间或者阻力达到预定压差时对陶瓷滤料进行清灰，清灰方式多采用由净面向脏面的脉冲喷吹，脱离的粉饼落入底部的灰斗中[34]。

多孔陶瓷过滤器具有如下特点：可减少过滤前冷却气体的设备投资和运行费用；通过热能和有价值副产品的回收利用能增加总运行效率；减少用于降温的稀释气体净化；可避免结露引起的设备腐蚀；减少维护费和延长设备使用寿命；简化处理过程；减少投资、安装、维护费用和占地面积。

1.4　经典过滤理论

1.4.1　Darcy 渗透率

一般来说，Darcy 定律对于低速黏性流体比较适用，主要是描述了流体流经多孔介质时渗透率的倒数与系统的压差呈线性关系，其表达式为[35]：

$$\frac{\Delta p_{md}}{L_{md}} = \frac{\mu_f u_f}{k_{md}} \tag{1-1}$$

式中　Δp_{md}——流体流经多孔介质的压差，Pa；

　　　μ_f——流体的黏度；

　　　u_f——渗滤速度，m/s；

　　　L_{md}——多孔介质的厚度，m；

　　　k_{md}——多孔介质的渗透率。

Darcy 定律主要应用于不可压缩牛顿流体，流体主要属于斯托克斯流体，粒子流的雷诺数小于 1。Darcy 方程中参数变量除了渗透率以外，其他都比较容易获得。因此准确地拟合出多孔介质的渗透率可以保证使用 Darcy 方程得到正确的压差值。

1970 年，Billing 和 Wilder 等[36]提出了一种从试验室测量缩小为一千多分之一粉饼的渗透率的方法。他们的结果表明，材料的颗粒越大相应的渗透率也越大，而且粉饼颗粒并非完全以填充嵌入封闭的形式附着在多孔介质上，其结构形式有开放孔、半开孔、扩散结构等，具体采用哪种形式主要取决于颗粒尺寸。也有很多类似的理论都预测了渗透的计算方法，但是每种理论都有其局限性，实际上由于 Billing 和 Wilder 的预测方法限制了计算的精度，而且在绝大多数情况下，该模型需要首先得知粉尘颗粒的尺寸、粉饼的孔隙率以及粉饼的孔隙结构才能进行计算，因此也不被一般研究所接受。一般来说，我们可以通过将压差值与速度值进行回归来得到多孔介质的渗透率，虽然这种方法存在一定的误差，但对于压差的总体变化趋势的预测是可以接受的。

1.4.2　粉饼的比阻

过滤器中流体的阻力一般是用比阻（K_{sr}）来描述，比阻的定义式为：

$$K_{sr} = \frac{\Delta p_{md}}{W_{unit} u_f} \tag{1-2}$$

式中　Δp_{md}——每单位面积上累积粉尘引起的压差值的变化量，Pa；

W_{unit}——单位面积多孔介质上的质量累积，mg。

由于 W_{unit} 与粉尘沉积的厚度有关[37]，因此有：

$$W_{unit} = L_{dt} \rho_{dt} (1 - \varphi_{dt}) \tag{1-3}$$

式中　ρ_{dt}——粉尘的密度，g/cm³；

L_{dt}——粉饼层的厚度，m；

φ_{dt}——粉饼层的孔隙率。

结合 Darcy 定律一起考虑，粉饼比阻的一般表达式为：

$$K_{sr} = \frac{\mu_f}{k_{md} \rho_{dt} (1 - \varphi_{dt})} \tag{1-4}$$

由于比阻这个定义描述了粉饼的内部属性，因此它广泛地出现在各种文献中[20,38-41]，虽然不同研究者的过滤理论所研究对象在形式上千差万别，各有不同，但是都是以描述比阻的变化规律为基本形式。

如果假设绕过每个过滤颗粒的流线不相互干涉，则通过粉饼的低速黏性流体也可以由斯托克斯定律推导得出，根据 Stokes 定律，流场中的单颗粒曳力（F_{df}）方程可以表述为[42,43]：

$$F_{df} = \frac{3\pi \mu_f u_f d_p}{C_D} \tag{1-5}$$

式中　d_p——固相颗粒的粒径，μm；

C_D——坎宁汉修正系数。

由于每单位质量的粉饼所产生的曳力等于每单位面密度所产生的压降，根据

Vanosdell 的推导可得粉饼的比阻为[43]：

$$K_{sr} = \frac{18\mu_f}{d_p^2 \rho_{dt} C_D}$$

(1-6)

（1）Kozeny-Carmen 理论

自从 Williams 等[44]于 1940 年首先使用 Kozeny-Carmen 方程预测过滤器的流阻以来，这个理论已得到了广泛的应用。这个方程在形式上非常简单，并且在研究多孔介质流体运动时很重要。在使用 Kozeny-Carmen 方程研究流经粉饼的流体时，主要将粉饼内的微细通道假设为平直的微细圆形通道，并假设出现在每个毛细通道中的流体为泊肃叶流体，毛细通道的直径之和为两倍水力直径[45]，Kozeny-Carmen 方程的表达式为[46,47]：

$$K_{sr} = \frac{\mu_f k_{kz} A_{sa}^2 (1-\varphi_{dt})}{\rho_{dt} \varphi_{dt}^3}$$

(1-7)

式中　k_{kz}——柯泽尼无量纲常数；

　　　A_{sa}——粉饼层的比表面，即每单位体积粉饼的表面积之和，m^2/m^3。

确定 Kozeny-Carmen 方程中的参数首先必须知道粉饼的属性，因为柯泽尼无量纲常数与粉饼颗粒的排列有关，粉饼的比表面与颗粒的尺寸与形状有很大的关系，孔隙率与粉饼的各因素包括粒径、排列以及曲率因子等都有关联。不同的研究者给出的无量纲常数各有不同，Kozeny 所得出的柯泽尼无量纲常数为 2，Carmen 所得出的柯泽尼无量纲常数为 5，而 Happel 和 Brenner 所得出的柯泽尼无量纲常数为 0.7，而 Billings 和 Wilder 的研究结果表明当使用球形颗粒作为过滤材料的填充材料时，柯泽尼无量纲常数为 5 比较适合[36]。通过上述研究表明 Kozeny-Carmen 方程只对均一的即各向同性的过滤材料适用，因此在使用时必须有各向同性的假设。对于各向异性的非均一过滤材料，可以按各向同性假设计算后保留误差，或者将过滤材料分为许多小区域，在每个小区域中按各向同性假设计算，最后再进行归一化处理。1978 年 Rudnick[48]曾经指出 Kozeny-Carmen 方程不适用于实际过滤过程中的计算，因为它将所有的毛细孔道都假设为平行的圆通道，而实际的毛细孔道却十分复杂，呈现长短各异、孔径大小不同、同一孔道中孔径大小不变化、孔路相互交叉贯通、蜿蜒曲折的网络结构，并且基于水力直径假设的毛细孔道孔径的估计也存在很多问题，因为即使不考虑某些孔道中的湍流情况，水力直径理论也不适用于流体在曲折的非圆形孔道中的流动。

（2）Brinkman 流动模型

Brinkman 流动模型将粉饼的组成颗粒作为球形粒子处理[49]，认为这些球形粒子之间的距离很近但不相互接触，粒子之间的狭缝足够影响到粒子的绕流，并且每个粒子都会影响到它附近的流场，粒子之间的狭缝越小，粒子对流线的影响越大，流场越靠近颗粒，流线的变形量越大，颗粒之间的流体运动形式不只表现为单独的绕流运动，而且表现为整体的流动，流动场各处的密度有高有低。Brinkman 的计算过程是从一个流域内的颗粒的曳力开始，颗粒曳力主要包括 Stokes 曳力和由于颗粒引起的流线变形导致的附加曳力，类似于 Kozeny-Carmen 方程的作用，Brinkman 方程也是通过另外一种形式来计算流体在通过过滤层的渗透率，其表达式为[50]：

$$K_{sr} = \frac{72\mu_f}{\rho_{dt}d_p\ (1-\varphi_{dt})}\left[3+\frac{4}{1-\varphi_{dt}}-\left(\frac{8}{1-\varphi_{dt}}-3\right)^{1/3}\right]^{-1} \tag{1-8}$$

在孔隙率较大的过滤介质中，用 Brinkman 方程计算的渗透率的值要远比用 Kozeny-Carmen 方程计算的结果准确，并且表达式中没有经验参数，使得方程更接近实际的流动过程及孔隙的结构特点，从而使得该方程更加可靠。

（3）胞壳模型

胞壳模型主要是由 Happel[51] 和 Kuwabara[52] 分别提出来的，他们把颗粒球作为均匀分布在空间中的胞壳，每一个流体胞壳包括一个颗粒球和一个包络在颗粒球表面的绕流流体区域，每个胞壳中的孔隙率与总过滤层的孔隙率相等，而且所有胞壳的直径与颗粒球的直径之比为一常数值，如果赋以适当的边界条件，则通过胞壳的流体可以采用 Navier-Stokes 方程进行计算，Happel 和 Kuwabara 提出的两个模型仅仅只是在胞壳表面的边界条件处理上有所不同，Happel 假定在胞壳表面的剪切应力等于零，其边界条件主要是根据颗粒之间的流动来确定的，并假定在颗粒球表面的速度为零，在颗粒球之间的速度存在一个最大值，在切向速度为零的点，速度梯度值为零，Happel 胞壳模型认为速度最大值会出现在胞壳表面，因此该模型被称为自由表面模型。而 Kuwabara 假定在胞壳表面涡流运动为零，这意味着在胞壳表面的流线必须是平直的。由于在平行纤维捕集粉尘颗粒时，Kuwabara 胞壳模型比 Happel 胞壳模型预测的颗粒轨道模型更加精确，因此 Kuwabara 胞壳模型在平行纤维中应用得更加广泛。但是很多科学家也指出 Kuwabara 胞壳模型将胞壳表面假设为零涡流，这样不适合能量交换与传递[53]。而 Happel 胞壳模型在球形颗粒填充床捕捉粉尘颗粒时应用得比较广泛，并且 Rudnick 曾指出，只要选择比较合理，则使用 Happel 胞壳模型预测过滤器流阻时不会过分地依赖于条件[48]，Happel 胞壳自由面模型的表达式为：

$$K_{sr} = \frac{18\mu_f\ (1+0.667\alpha_{pk}^{5/3})}{\rho_{dt}C_D d_p^2\ (1-1.5\alpha_{pk}^{1/3}+1.5\alpha_{pk}^{5/3})} \tag{1-9}$$

式中　α_{pk}——过滤层的填充密度，$\alpha_{pk}=1-\varphi_{dt}$。

该表达式在理论上没有限制孔隙率的范围，如果过滤层填充密度为 1 时，则 K_{sr} 为无穷小，此时的过滤材料为不可渗透介质，如果过滤层填充密度为 0 时，则 K_{sr} 存在一最大值。

1.4.3　过滤阻力损失

系统压降是影响过滤式除尘器过滤效果的一个重要因素。压降主要是由于气流在穿过陶瓷过滤器的微孔时与陶瓷颗粒相互作用引起的曳力损失。单位长度上的过滤材料产生的曳力损失（F_d）可由下式进行计算[54]：

$$F_d = \frac{1}{2} C_d a_c \rho_f u_{sp} \tag{1-10}$$

式中　C_d——单位长度上的曳力系数；

　　　a_c——陶瓷颗粒的粒径；

　　　ρ_f——流体密度；

　　　u_{sp}——流体的表观速度。

经过过滤器的压降可表示为：

$$\Delta p = F_d l_c \tag{1-11}$$

式中　l_c——每单位体积陶瓷过滤材料的总长度。

$$l_c = \frac{4 C_{pk} \delta_c}{\pi a_c^2} \tag{1-12}$$

式中　C_{pk}——过滤材料的填充密度；

　　　δ_c——陶瓷过滤管的厚度。

因此式（1-11）可以写为：

$$\Delta p = \frac{4 C_{pk} \delta_c}{\pi a_c^2} F_d \tag{1-13}$$

为了说明陶瓷颗粒间相互干涉的影响，考虑一个基于固相体积分数的相关因子是必要的。对于低雷诺数流体（$Re < 1$）时，曳力修正式为：

$$C_{pk} F_d = \frac{1}{4} \pi \mu_f u_{sp} f(C_{pk}) \tag{1-14}$$

由此可得压降的修正式为：

$$\Delta p = \frac{\mu_{sp} u_f \delta_c}{a_c^2} f(C_{pk}) \tag{1-15}$$

式中　μ_f——流体的黏度。

上述方程的形式与 Darcy 定律相近，Darcy 定律中多孔介质产生的压降与系统的表观速度呈线性比例关系，Davies[55]根据许多实验数据给出了一个过滤材料体积分数的经验公式为：

$$f(C_{pk}) = 64 C_{pk}^{1.5}(1 + 56 C_{pk}^3) \quad (0.006 < C_{pk} < 0.3) \tag{1-16}$$

对于高雷诺数流体（$Re > 1$），系统压降不再与表观速度呈线性变化，此时可联立式（1-11）与式（1-14）来求由黏性阻力与惯性阻力引起的压降：

$$\Delta p = A \mu_f u_{sp} + B \rho_f u_{sp}^2 \tag{1-17}$$

式中　A——黏性阻力系数；

　　　B——惯性阻力系数。

对于一些过滤器的理论模型，压降的值可以通过简化了的数学模型而不借助实验数据直接通过理论推导得出。其中一些比较有名的过滤器数学模型有 Kuwabara[52] 与 Happel[51] 等的错排胞壳理论。另外，Fuchs 和 Kirsh 等[56]、Spielman 和 Goren 等[57] 提出的理论也有一定的实用性。Jackson 和 James[58] 于 1986 年提出的 Stokes 流微孔过滤器压降理论也得到了广泛的关注。上述理论主要应用在黏性低雷诺流体情况（$Re<1$），而此时惯性流对压降的影响比较微弱。对于一般过滤器的流场来说，通常雷诺数的范围处于 1～200 之间，如果采用一般的数值方法很难准确地分析流场压降的变化情况。Rao 和 Faghri 等于 1988 年借助单元控制体积的方法采用 Navier-Stokes 方程计算平行纤维的流场所得的预测结果与 Kuwabara 等的结果是一致的[59]，Fardi 和 Liu 等[60,61] 也用该方法计算了规则排列的纤维的压降与流场，这些研究主要都只针对 Stokes 流而言。1993 年 Liu 等[62] 采用 Navier-Stokes 方程计算的错排纤维过滤的流场雷诺数达到了 20，通过与实验结果相比较，发现模拟计算的过滤压降从雷诺数等于 0.5 时开始出现误差，并且雷诺数越大计算偏差越大。

1.4.4 颗粒捕集效率

（1）单颗粒陶瓷捕集

多孔陶瓷过滤的净化机理主要有筛滤、拦截、惯性碰撞、扩散等，其次有重力、静电力、热泳力作用等[63]。

① 拦截效应　颗粒只考虑尺寸，忽略质量，从而具有不同尺寸的微粒在气流湍动能的作用下随着气体一起运动，假若处于流线上的某颗粒能使陶瓷颗粒半径的一半进行捕集，则这些微粒就可以通过拦截进行捕集。应用拦截效率计算式时，只有当过滤速度很大时，才能使用势流假设，而在实际过程中，过滤速度一般很低[64]，如纤维过滤速度小于 0.1m/s。所以采用黏性流假设下的拦截效率计算式比较合理。有很多种模型可以描述绕静止圆柱体和静止球体的流场，一般考虑最为简单常用的孤立体模型。一些稍复杂的模型主要是考虑了相邻捕集体的存在对流场的影响，如 Happel 模型、Brinkman 模型、Kuwabara 模型等。不过拦截效应无论模型怎么复杂，对于已知的流函数公式，相应地可以推导出拦截效率的公式。其他过滤效应往往只能得到经验式、半经验式或数值解。

② 惯性碰撞效应　当气溶胶粒子尺寸足够大时，粒子由于惯性在收集体附近流线突然改变的区段不能足够迅速地调整，从而离开流线撞在收集体上时，出现了粒子在收集体上的惯性沉积。一旦碰撞发生，由于粒子表面与收集体表面间范德华力的作用，粒子将会黏附在收集体表面，单个收集体的惯性碰撞收集效率主要取决于无量纲参数斯托克斯数[64]。

③ 扩散效应　对于纤维过滤，如果粒子不带电，从某种意义上讲，扩散效应是最重要的净化机理。粒子越小，布朗运动越剧烈，扩散沉降作用越显著[65]。当粒子直径 $d_p<0.1\mu m$ 时，扩散沉降效率的理论值超过 80%，而其他机理收集效率

趋近于零[66]。有研究表明，当气溶胶粒子很小（$d_p<1\mu m$），粒子在随气流运动时就不再沿流线绕流捕集体，便发生扩散效应，此时扩散机理起主导作用，这就是纤维过滤能有效收集亚微米粒子的主要原因[67]。粒子向捕集体的扩散过程相当复杂，其扩散效率常常是捕集体绕流雷诺数 Re 和粒子贝克列数 Pe 的函数[27]。粒子间的相互扩散和粒子向捕集体的扩散行为是极为复杂的物理现象，到目前为止仍是气溶胶科学的重要研究内容之一。特别是当表面有相互作用力存在时，其扩散机理更为复杂。

④ 静电效应　粒子和捕集体的自然带电量是很少的，静电力作用可以忽略不计。但如果人们有意识地给粒子和捕集体荷电以增强净化效果，那么此时静电力作用将非常明显。粒子和捕集体间的静电作用力主要有三种：库仑力、极化力（感应力）以及外加电场力[68]。

对于常规的滤料，气体中的粒子较过滤层空隙小得多，因此筛滤效应收集粒子的作用有限。陶瓷过滤的高效主要体现在对微细粒子的捕集方面。因此重力沉降和惯性碰撞对大颗粒起作用，而对微细粒子的净化效率作用不大。另外粉尘的自然荷电以及热泳力的作用对过滤效果影响均很微弱，故可忽略筛滤、重力沉降、惯性碰撞和热泳等次要净化作用。

在实际应用中，陶瓷管多以集合形式存在，因此收集效率是多个孤立捕集体的群体贡献，陶瓷过滤方式分内部过滤和表面过滤[30]。过滤初期含尘气体通过洁净滤料，陶瓷纤维起主要过滤作用，然后阻留在滤料内部的粉尘和陶瓷纤维一起参与过滤过程。当陶瓷纤维达到一定容尘量后，后续颗粒将沉降在过滤器表面，此时，陶瓷纤维表面形成的粉尘层对气流起到主要的过滤作用，即为表面过滤。无论何种过滤方式，收集效率和过滤阻力都随时间而变化。这种现象称为非稳态过滤，过滤层的除尘效率既是孤立捕集体收集效率的函数，又是过滤时间的函数。

（2）多孔陶瓷纤维捕集

陶瓷纤维过滤近似于表面过滤，粉尘沉积在滤料的迎风面，很少或者几乎没有粉尘透过滤料层。和普通纤维一样，多孔陶瓷过滤机理包括布朗扩散、惯性碰撞和拦截。先附着在陶瓷表面的粉尘成为后续粉尘的收尘体，形成链状的凝聚尘，随着凝聚尘不断堆积、坍塌，最后在陶瓷过滤单元表面形成稳定的粉饼，此时粉饼充当过滤层不断捕集气体中的粉尘[32]。

粉尘性质对过滤器性能的影响包括粒子作用力、粒子大小和形状以及粉饼和气态物质间的物理化学作用。一般来说，燃烧产生的粉尘中存在炭，气化后的粉尘在较高的过滤风速下黏附性较低，趋于形成不稳定但密度较高的粉饼，为了避免二次扬尘，过滤风速应控制在 $1m/min$ 左右。粉尘黏附性高，使粉饼呈片状或凝聚成团聚体脱落，将有效减少二次扬尘，另外过滤风速过高，将导致粉饼板结，清灰困难[30,67]。

1.4.5 多孔陶瓷过滤器清灰操作

多孔陶瓷过滤的清灰方式只有一种，即脉冲清灰，与布袋除尘器的脉冲清灰不同，陶瓷过滤管在脉冲气流的作用下不会发生震动变形，为使压力损失保持在可接受的程度，需用脉冲喷吹对陶瓷管进行周期性的清灰，清灰的操作方式主要是通过迅速释放压缩气囊中的高压气体，使得气体产生强大的反吹压力，从而吹脱附着在陶瓷过滤元件上的粉饼，但是，如果清灰不当，导致操作中高压气体的反吹压力过大，则有可能使得粉尘穿透陶瓷过滤元件，因而，控制好反吹操作压力（通常为4~7MPa）以及反吹脉冲的宽度（通常为0.1~0.2s）是很重要的。全部陶瓷过滤管完成一个清灰循环的时间称为脉冲周期，通常为60~180s，为达到较好的清灰目的，喷吹压力应高于陶瓷过滤净化系统压力的3~4倍[70~72]。

从理论上说，只要对粉饼施加足以克服粉饼和陶瓷过滤介质间的附着力以及粉饼内部的黏附力的气压，就可以使粉饼得以剥离。然而实际中滤料的清灰效果和脉冲喷吹系统的设计将受粉饼的性质和过滤层的过滤特点影响[71]。由于附着力和喷吹压力在过滤器表面都是不均匀的，将导致不均匀清灰，过滤层表面粉尘不断累积变厚。不均匀清灰能够自我调整，即在下一个清灰周期，改变喷吹条件或改变粉尘的沉积量等，可使运行恢复到有效的清灰状态和得到稳定的运行压力曲线，实际过程中为减少运行费用，可通过优化脉冲喷吹参数来实现[73]。

参考文献

[1] 黄晓勇. 世界能源发展报告（2018）. 北京：社会科学文献出版社，2018.

[2] "煤控研究项目"总课题组. "十三五"煤控中期评估与后期展望研究报告. 北京：第5届能源转型国际研讨会，2018.

[3] 国家煤炭工业统计系统. http://www.coalchina.org.cn/page/tjsj.htm.

[4] 国家统计局. 中国统计年鉴2018. 北京：中国统计出版社，2018.

[5] 国家发展和改革委员会，国家能源局. 能源发展"十三五"规划. 北京：国家能源委员会，2016.

[6] Cao G, Zhang X, Gong S, et al. Emission inventories of primary particles and pollutant gases for China. Chinese Science Bulletin, 2011, 56 (8)：781-788.

[7] 中国电力企业联合会. 中国煤电清洁发展报告. 北京：中国电力出版社，2017.9.

[8] Karagulian F, Belis C A, Dora C F C, et al. Contributions to cities' ambient particulate matter (PM)：A systematic review of local source contributions at global level. Atmospheric Environment, 2015, 120：475-483.

[9] Gautam S, Patra A K, Sahu S P, et al. Particulate matter pollution in opencast coal mining areas：a threat to human health and environment. International Journal of Mining, Reclamation and Environment, 2018, 32 (2)：75-92.

[10] Kim K-H, Kabir E, Kabir S. A review on the human health impact of airborne particulate matter. Environment International, 2015, 74：136-143.

[11] Lu F, Xu D, Cheng Y, et al. Systematic review and meta-analysis of the adverse health effects of

ambient $PM_{2.5}$ and PM_{10} pollution in the Chinese population. Environmental Research, 2015, 136: 196-204.

[12] Zhao S, Duan Y, Li Y, et al. Emission characteristic and transformation mechanism of hazardous trace elements in a coal-fired power plant. Fuel, 2018, 214: 597-606.

[13] Guenther A, Geron C, Pierce T, et al. Natural emissions of non-methane volatile organic compounds, carbon monoxide, and oxides of nitrogen from North America. Atmospheric Environment, 2000, 34 (12): 2205-2230.

[14] Na K, Cocker D R. Characterization and source identification of trace elements in $PM_{2.5}$ from Mira Loma, Southern California. Atmospheric Research, 2009, 93 (4): 793-800.

[15] Sun B, Shi Y, Yang X, et al. DNA methylation: A critical epigenetic mechanism underlying the detrimental effects of airborne particulate matter. Ecotoxicology and Environmental Safety, 2018, 161: 173-183.

[16] Xing Y-F, Xu Y-H, Shi M-H, et al. The impact of $PM_{2.5}$ on the human respiratory system. Journal of thoracic disease, 2016, 8 (1): E69-E74.

[17] Matsuki M, Gardener M R, Smith A, et al. Impacts of dust on plant health, survivorship and plant communities in semi-arid environments. Austral Ecology, 2016, 41 (4): 417-427.

[18] 向晓东. 现代除尘理论与技术. 北京: 冶金工业出版社, 2002.

[19] Serrano J R, Climent H, Piqueras P, et al. Filtration modelling in wall-flow particulate filters of low soot penetration thickness. Energy, 2016, 112: 883-898.

[20] Lin J C-T, Hsiao T-C, Hsiau S-S, et al. Effects of temperature, dust concentration, and filtration superficial velocity on the loading behavior and dust cakes of ceramic candle filters during hot gas filtration. Separation and Purification Technology, 2018, 198: 146-154.

[21] 李海霞. 高温陶瓷过滤器内气固两相流动特性的数值模拟. 北京: 中国石油大学, 2007.

[22] Israt Zerin E D. A Review Article on Applications of Filter Cloth. International Journal of Clothing Science, 2018, 5 (1): 6.

[23] Cuo Z, Liu H, Zhao F, et al. Highly porous fibrous mullite ceramic membrane with interconnected pores for high performance dust removal. Ceramics International, 2018, 44 (10): 11778-11782.

[24] Heidenreich S. Chapter Eleven - Hot Gas Filters, Tarleton S, editor, Progress in Filtration and Separation, Oxford: Academic Press, 2015: 499-525.

[25] Chen S, Wang Q, Chen D-R. Effect of pleat shape on reverse pulsed-jet cleaning of filter cartridges. Powder Technology, 2017, 305: 1-11.

[26] Yoshinori Koyama O S, Yuichiro Kitagawa, Takao Hashimoto. Method for backwashing filter: USA.

[27] 向晓东. 烟尘纤维过滤理论、技术及应用. 北京: 冶金工业出版社, 2007.

[28] Heidenreich S. Hot gas filtration - A review. Fuel, 2013, 104: 83-94.

[29] 高铁瑜. 先进燃煤联合循环高温陶瓷过滤器研究. 西安: 西安交通大学, 2003.

[30] Shevlin T S. Ceramic fabric filter: USA.

[31] Schulz K, Durst M. Advantages of an integrated system for hot gas filtration using rigid ceramic elements. Filtration & Separation, 1994, 31 (1): 25-28.

[32] Zhang W, Li C-T, Wei X-X, et al. Effects of cake collapse caused by deposition of fractal aggregates on pressure drop during ceramic filtration. Environmental Science & Technology, 2011, 45 (10): 4415-4421.

[33] 费继友, 高铁瑜, 姚玉鹏, 等. 烛状陶瓷过滤元件过滤流动特性试验研究. 大连交通大学学报, 2006, 27 (4): 31-34.

[34] 徐鹏，吴汉阳．壁流式蜂窝陶瓷在高温除尘技术中的应用．佛山陶瓷，2019，29（03）：35-38.

[35] 李守巨，刘迎曦，孙伟，等．多孔材料孔隙尺寸对渗透系数影响的数值模拟．力学与实践，2010，32（04）：12-17.

[36] Billings C E, Wilder J E. Handbook of Fabric Filter Technology. Vol. 1 NTILS No. PB 200 648，(1970).

[37] Li J, Zhou F, Li S. Effect of uniformity of the residual dust cake caused by patchy cleaning on the filtration process. Separation and Purification Technology，2015，154：89-95.

[38] 刘鹏，刘国荣．滤饼颗粒物性对滤饼特性影响的分析．过滤与分离，2009，19（02）：31-33.

[39] 徐新阳，罗蒨．滤饼的可压缩性与滤饼比阻的研究．金属矿山，2001，(12)：34-37+42.

[40] 许莉，李文革，鲁淑群，等．过滤理论与滤饼结构的研究．流体机械，2000，(10)：10-13+3.

[41] Li S, Hu S, Xie B, et al. Influence of pleat geometry on the filtration and cleaning characteristics of filter media. Separation and Purification Technology，2019，210：38-47.

[42] Ghafouri Azar M, Reza Namaee M, Rostami M, et al. Settling velocities of gravel, sand and silt particles. Asian Journal of Applied Sciences，1991，5 (3)：pp：250-252-pp：250-252.

[43] Chang J C, Foarde K K, Vanosdell D W. Assessment of fungal (Penicillium chrysogenum) growth on three HVAC duct materials. Environment International，1996，22 (4)：425-431.

[44] Williams C E, Hatch T, Greenburg L. Determination of cloth area for industrial air filters. Jour. Section, Heating, Piping and Air Cond.，April，1940.

[45] 王福军．计算流体动力学分析：CFD 软件原理与应用．北京：清华大学出版社，2004.

[46] Kozeny J. Uber kapillare leitung der wasser in boden. Royal Academy of Science，Vienna，Proc. Class I，1927，136：271-306.

[47] Carman P C. Fluid flow through granular beds. Trans. Inst. Chem. Eng.，1937，15：150-166.

[48] Rudnick S N. Fundamental factors governing specific resistance of filter dust cakes. Harvard School of Public Health，1978.

[49] 李明春，田彦文，翟玉春．柱坐标下多孔介质反应体系传递过程的研究．东北大学学报，2006，(11)：1247-1250.

[50] 李明春，田彦文，翟玉春．非热平衡多孔介质内反应与传热传质耦合过程．化工学报，2006，(05)：1079-1083.

[51] Happel J. Viscous flow relative to arrays of cylinders. AIChE Journal，1959，5 (2)：174-177.

[52] Kuwabara S. The forces experienced by randomly distributed parallel circular cylinders or spheres in a viscous flow at small Reynolds numbers. Journal of the physical society of Japan，1959，14 (4)：527-532.

[53] Michael J. Matteson C O. Filtration：Principles and Practices，2nd Edition. 2nd. CRC Press，1986.

[54] Poon W S. Dust filtration and loading by fibrous and foam media，Minneapolis：University of Minnesota，1998.

[55] Davies C N. Air filtration. New York：Academic Press，1973.

[56] Kirsch A, Fuchs N. Studies on fibrous aerosol filters—Ⅱ. Pressure drops in systems of parallel cylinders. Annals of Occupational Hygiene，1967，10 (1)：23-30.

[57] Spielman L, Goren S L. Model for predicting pressure drop and filtration efficiency in fibrous media. Environmental Science & Technology，1968，2 (4)：279-287.

[58] Jackson G W, James D F. The permeability of fibrous porous media. The Canadian Journal of Chemical Engineering，1986，64 (3)：364-374.

[59] Faghri M, Rao N. Numerical computation of flow and heat transfer in finned and unfinned tube banks. International Journal of Heat and Mass Transfer，1987，30 (2)：363-372.

[60] Fardi B, Liu B Y H. Efficiency of fibrous filters with rectangular fibers. Aerosol Science and Technology,

1992，17（1）：45-58.

［61］ Fardi B，Liu B Y H. Flow field and pressure drop of filters with rectangular fibers. Aerosol Science and Technology，1992，17（1）：36-44.

［62］ Liu B Y，Kellogg R B. Discontinuous solutions of linearized，steady-state，viscous，compressible flows. Journal of Mathematical Analysis and Applications，1993，180（2）：469-497.

［63］ Seville J，Clift R，Withers C，et al. Rigid ceramic media for filtering hot gases. FILTR. &amp；SEP，1989，26（4，Ju）.

［64］ 王启燕，高鸿恩，何启梅. 颗粒床过滤中的惯性碰撞效应研究. 环境科学与技术，2006，（10）：30-31，53，116.

［65］ Kramers H A. Brownian motion in a field of force and the diffusion model of chemical reactions. Physica，1940，7（4）：284-304.

［66］ Kim K H，Sekiguchi K，Kudo S，et al. Performance test of an inertial fibrous filter for ultrafine particle collection and the possible sulfate loss when using an aluminum substrate with ultrasonic extraction of ionic compounds. Aerosol and Air Quality Research，2010，10（6）：616-624.

［67］ Wang C-S，Otani Y. Removal of nanoparticles from gas streams by fibrous filters：A review. Industrial & Engineering Chemistry Research，2013，52（1）：5-17.

［68］ Wang Y，Pugh R J，Forssberg E. The influence of interparticle surface forces on the coagulation of weakly magnetic mineral ultrafines in a magnetic field. Colloids and Surfaces A：Physicochemical and Engineering Aspects，1994，90（2）：117-133.

［69］ Ji Z，Shi M，Ding F. Transient flow analysis of pulse-jet generating system in ceramic filter. Powder Technology，2004，139（3）：200-207.

［70］ Schildermans I，Baeyens J，Smolders K. Pulse jet cleaning of rigid filters：a literature review and introduction to process modelling. Filtration & Separation，2004，41（5）：26-33.

［71］ Zhang W，Lu C，Dong P，et al. Influence of deposited carbonblack particles on pressure drop with ceramic ultra-filtration for treatment of coal-fired flue gas. Journal of Chemical Engineering of Japan，2018，51（7）：566-575.

［72］ 姬忠礼，陈鸿海，时铭显. 陶瓷过滤器脉冲喷吹清灰系统动态模型. 石油大学学报（自然科学版），2003，（01）：63-66，5.

［73］ Kurose R，Makino H，Hata M，et al. Numerical analysis of a flow passing through a ceramic candle filter on pulse jet cleaning. Advanced Powder Technology，2003，14（6）：735-748.

第2章

陶瓷过滤材料的物理化学性质

由陶瓷微孔净化设备去除细微粒子是工业集尘应用中的一项关键技术。由于大多数陶瓷的熔点非常高[1]，故纯粹的陶瓷过滤材料（陶瓷滤料或陶瓷滤材）非常难制造，如表 2-1 所示[2]。大多数陶瓷基材物质硬度也很大，限制了加工陶瓷的能力。基于这些原因，陶瓷滤材通常与助熔剂和黏合玻璃混合，其在较低温度下熔融并使成品更容易加工。

表 2-1　不同材料的陶瓷熔点温度

材质	熔点温度/℃
SiC	2700
BN	2732
AlN	2232
BeO	2570
Al_2O_3	2000

多孔陶瓷过滤器亦可视为颗粒层过滤器，其作用机理是通过吸附剂颗粒之间复杂的孔隙率及微通道进行直接拦截、布朗运动、重力沉降以及静电力等[3]。该技术的主要优点在于适合于高温、易腐蚀、易燃烧、易爆含尘气流并在除尘过程中获得较高的除尘效率。目前多孔介质除尘器日益广泛应用于除尘脱硫工业。Coury等[4]通过实验获得气体的净化效率，研究了通过颗粒层填充床粉尘的捕集和反弹。Podgórski 等[5]于 1996 年进行了颗粒床过滤器中硬纤维颗粒的沉积研究。Smid等[6]介绍了一种从高温高压气流中去除细微粒子的方法。Hsiau 等[7]报道了带有叶片的拟二维逆向流动颗粒床的流动形式的研究结果。因此，深入了解陶瓷滤料的物理化学特性，对于陶瓷过滤材料的生产及对细颗粒物的捕集十分有利。

2.1 陶瓷滤料的生产工艺

以 Al_2O_3、BeO 和 AlN 为主要化学成分的陶瓷滤料的制造工艺非常相似。将陶瓷基材研磨成直径为几微米的细粉末，并与氧化镁、氧化钙等粉末形式的各种助熔和黏合玻璃混合。将有机黏合剂与各种增塑剂一起加入混合物中，并将所得浆料球磨以除去附聚物并使组合物均匀。如图 2-1 所示，通过几种方法之一将浆料制成所谓的生坯状态的片材，并在高温下烧结以除去有机物并形成固体结构[2]。以下是该过程中的详细步骤：

① 碾辊压实　将浆料喷涂到平坦表面上并部分干燥，以形成具有腻子稠度的片材，片材通过一对大平行辊进给，以形成厚度均匀的片材。

② 胶带铸造　将浆料分配到移动带上，该移动带在刀刃下流动以形成片材。与其他工艺相比，这是一个相对低压的工艺。

③ 粉末压实　将粉末压入硬模腔中并在整个烧结过程中经受非常高的压力（高达 138MPa）。尽管由于压力变化可能产生过多的翘曲，但这使得烧制元件变得非常紧密，其燃烧公差比其他方法更严格。

④ 等静压粉末压制　等静压粉末压制过程使用由水或甘油包围的柔性模具，压缩至 69MPa，高压更均匀，产生翘曲更少的部件。

⑤ 挤压成型　与其他工艺相比，黏度

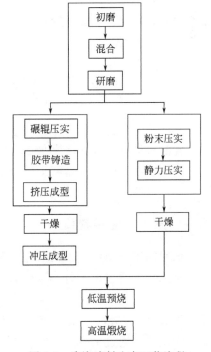

图 2-1　陶瓷滤料生产工艺流程

较低的浆料被迫通过模具，难以获得严格的公差，但该过程非常经济，并且产生比其他方法更薄的部件。

在生坯状态下，基材大致是油灰的稠度，并且可以被冲压成所需的尺寸，此时也可以打孔和制造成其他几何形状。

一旦部件形成并冲压，就在高于玻璃熔点的温度下烧结以产生连续结构。温度曲线是关键的，并且该过程实际上可以分两个阶段进行：第一个阶段去除挥发性有机材料，第二阶段去除剩余的有机物并烧结玻璃/陶瓷结构。峰值温度可以高达几千摄氏度，并且可以保持几个小时，这取决于材料和黏合玻璃的类型和数量。例如，通过不含玻璃的粉末加工形成的纯氧化铝基板在1930℃下烧结。

在烧结之前必须除去所有有机材料。否则，由有机材料分解形成的气体可能在陶瓷结构中留下严重的空隙并导致严重的弱化。氧化物陶瓷可以在空气中烧结。事实上，希望具有氧化气氛以通过允许它们与氧气反应形成CO_2来帮助除去有机物质。氮化物陶瓷必须在氮气存在下烧结，以防止形成金属氧化物。在这种情况下，没有发生有机物的反应，它们被蒸发并被氮气流带走。

在烧结过程中，随着有机材料的移除和助熔玻璃的活化，发生一定程度的收缩。对于粉末加工，收缩率可低至10%；对于板材浇铸，收缩率可高达22%。收缩程度是高度可预测的，可以在设计时考虑。粉末压制通常形成氮化硼基底。可加入各种二氧化硅和/或钙化合物以降低加工温度并改善可加工性。金刚石基底通常通过化学气相沉积（CVD）形成。通过形成SiC的海绵结构并迫使熔融铝进入裂缝来制造复合衬底，例如AlSiC。

2.2　陶瓷滤料的表面特性

陶瓷滤料的主要表面性质包括表面粗糙度和平整度，这些性质主要取决于颗粒尺寸和加工方法。表面粗糙度是表面微观结构的量度，表面平整度是平坦度偏差的量度。一般说明，粒径越小则表面越光滑平整。

2.2.1　微观表面粗糙度

表面粗糙度的测量方法主要有电学测量和光学测量两种[8]。

电学测量：通过在表面上移动细尖触针来测量表面粗糙度，采用触控笔连接到压电晶体或者在线圈内移动的小磁体，从而产生与基板变化大小成比例的电压。触控笔必须具有约25.4nm的分辨率，才能在最常见的范围内准确读取。

光学测量：通过引导来自激光二极管或其他光源的相干光束到基板表面上，基板表面的偏差产生干涉图案，可用于计算微观表面粗糙度。

光学测量具有比电学测量更高的轮廓分辨率，主要用于非常光滑的表面。对于普通用途，电子表面光度仪的精度足以保证实际的需要，并且此仪器广泛用于表征制造和实验室环境中的陶瓷滤料。

电学表面光度轮廓仪的输出如图2-2和图2-3所示。表面粗糙度的定量解释可以通过以下两种方式之一获得，即测量均方根（RMS）值和算术平均值。

通过将曲线分成n个小段且为距离的整数倍来设置测量点，通过获得每个测量点处的微观高程m（图2-2），则微观表面高程均方根（RMS）可由下式计算：

$$\text{RMS} = \sqrt{\frac{m_1^2 + m_2^2 + \cdots + m_n^2}{n}} \tag{2-1}$$

微观表面高程的微观平均值（通常所指为中心线平均值，CLA）可由下式计算：

$$\text{CLA} = \frac{a_1 + a_2 + \cdots + a_n}{L} \tag{2-2}$$

式中　a_1，a_2，$\cdots$，a_n——跟踪段下面的区域；

　　　L——行程长度。

对于通过因子 M 放大迹线的系统，式（2-1）必须除以相同的因子。

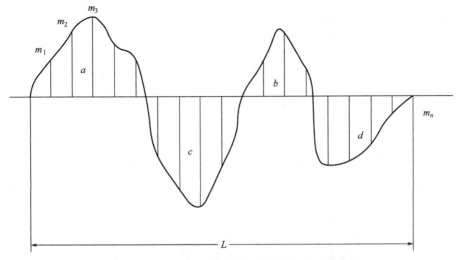

图 2-2　电学表面光度轮廓仪所测得的表面粗糙度

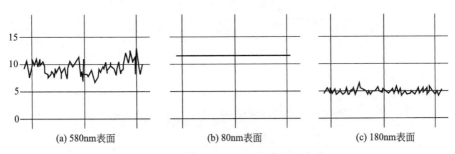

(a) 580nm表面　　　　(b) 80nm表面　　　　(c) 180nm表面

图 2-3　三种基材的表面粗糙度轮廓线

正弦波的平均值为 0.636 倍峰值，均方根值为 0.707 倍峰值，其中均方根比平均值大 11.2%。而轮廓仪轨迹本质上并不是正弦曲线，均方根值可能比 CLA 值大 10%～30%。在这两种方法中，CLA 是首选的使用方法，因为计算与表面粗糙度更直接相关，但它也有几个缺点：

① 该方法并没有考虑表面弯度；

② 尽管使用中的效果可能有些不同，但具有不同周期性和相同幅度的表面轮廓可能产生相同的结果；

③ 获得的值是尖端半径的函数。

2.2.2 微观表面弯度

在形式上表面弯曲和波纹相类似，它们都是陶瓷基板表面上平整度的表现形式。如图 2-4 所示，弯度是陶瓷基板的整体翘曲，而波纹是具有周期性的变化规律。这两个因素都可能由于有机物去除/烧结过程中的不均匀收缩或由于不均匀组成而发生。弯度的主要单位为 m/m，即为每单位长度平整度的偏差值。通过将基板放置在设定的特定距离的平行板上，参考最长尺寸可以获得弯度测量值（矩形板的最长尺寸为对角线）。如 20cm×20cm 的基板所得到的弯度值为 0.003mm/mm，则表示弯曲的总偏差值为 $0.0003 \times 20 \times 1.414 = 0.0085$（cm）。

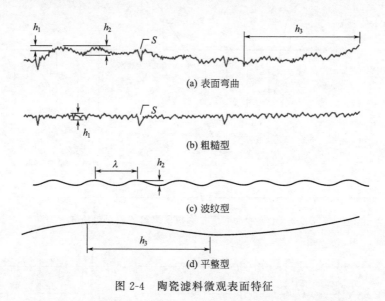

(a) 表面弯曲

(b) 粗糙型

(c) 波纹型

(d) 平整型

图 2-4　陶瓷滤料微观表面特征

2.3　陶瓷滤料的结构特性

2.3.1　陶瓷过滤材料微观结构

通常由每厘米长的线性距离上有多少个孔来了解多孔陶瓷过滤材料的孔隙特征，这个分级度量标准称为 NPPC（number of pores per centimetre）。NPPC 的值越大，说明单位长度上的孔隙出现的频率越高，从而孔径也就越小。NPPC 的级差只能说明孔频率和平均孔径的大小，而不能说明孔容所占陶瓷多孔介质的体积分率。图 2-5 显示了 75NPPC 的陶瓷过滤材料在不同的标尺下的场发射电镜照片。从图中可以看到陶瓷过滤材料与纤维滤料有明显的区别，它是连续的并且是无规则形状，从不同倍率的照片中可以观测到，陶瓷滤料既存在较大的颗粒间孔隙，也存在很多颗粒内部的微孔，这样的结构使得陶瓷微孔过滤材料的过滤形式比较多样化。图 2-6 显示了 105NPPC 的陶瓷过滤材料在不同的标尺下的场发射电镜照片。从图中可以观察到，105NPPC 的陶瓷过滤材料的表面明显有很多凹凸不平的小丘，小丘与小丘之间存在很多大小不一的微孔，105NPPC 滤料不但孔隙的频度比75NPPC 滤料高，而且它的粗糙表面构成了很多半封闭的空穴，从而增加了滤料的孔容，具有更好的过滤效果。

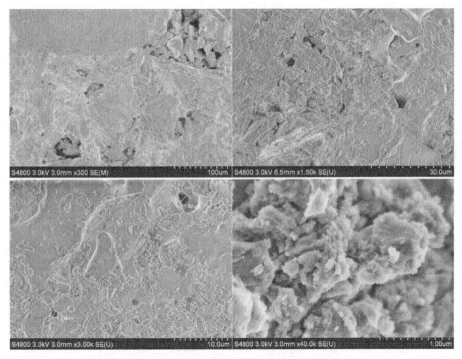

图 2-5　75NPPC 的陶瓷过滤材料电镜照片

　　如何用 NPPC 来调查陶瓷滤料孔隙特征是我们很关心的问题。为了准确计算出陶瓷滤料的平均孔径和颗粒等效中位径，可借助 Matlab 软件进行辅助计算。首先将需要测量的电镜照片进行黑白二值化处理，使得灰度图转化为黑白二值图，再用 Matlab 软件计算黑值像素点所占整个电镜照片的百分率，从而计算出孔隙所占整个面区域中的面积，由于实际材料为三维结构，因而需要将所计算出的结果进行进一步的修正。通过拍摄相应样品的纵断面的电镜图，并计算出所有孔隙的周长，就可以通过将孔的断面作为圆周处理和计算出陶瓷颗粒的等效中位径来决定孔隙的尺寸。平均孔径与颗粒的等效中位径通过计算约 40 张以上的电镜照片统计得出。

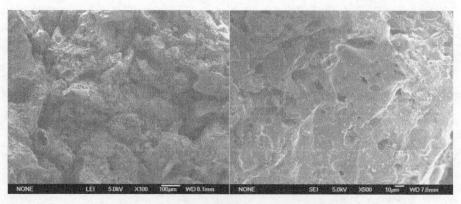

图 2-6　105NPPC 的陶瓷过滤材料电镜照片

标称孔径 d_{pore}（μm）可以通过 NPPC 求得：

$$d_{pore} = \frac{10^4\sqrt{\zeta}}{NPPC}$$ (2-3)

式中　ζ——单位面积中孔隙所占的面积分率。

孔径的测量结果与计算标称孔径如图 2-7 所示。陶瓷滤料生产厂家所提供的 NPPC 误差范围为：在 6～30NPPC 范围内约为±3NPPC，在 30～120NPPC 范围内约为±8NPPC。由图可知，测量值与标称值非常接近，如果分别用 f 和 g 来代替标称孔径与测量孔径，则 g 对 f 在 $[a,b]$ 上的逼近程度可用下式计算：

$$\| f - g \|_p = \left\{\int_a^b [f(x) - g(x)]^p \, dx\right\}^{1/p}$$ (2-4)

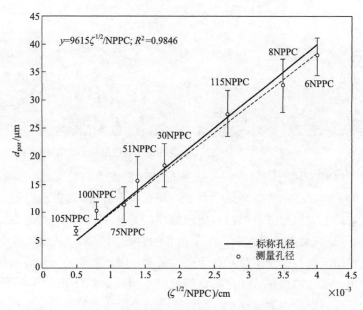

图 2-7　陶瓷滤料的测量孔径与标称孔径

式中 p——p 次幂逼近度。

通过计算可得 g 对 f 在 $[0,4.5×10^{-3}]$ 上的平方逼近程度为 $0.205\mu m^2/NPPC$。将实验数据进行回归，拟合的 R^2 方差为 0.9846，测量孔径（μm）的拟合方程为：

$$d_{pore}=9615\zeta^{1/2}/NPPC \qquad (2-5)$$

由于陶瓷滤料的粒径对过滤时系统的压降与除尘效率都很重要，因而测量陶瓷颗粒的粒径与 $\zeta^{1/2}/NPPC$ 的关系也很重要，测试结果如图 2-8 所示。由图可知，陶瓷滤料的粒径随 $\zeta^{1/2}/NPPC$ 呈线性规律变化，将实验数据进行回归，拟合的方差 R^2 为 0.9908，可以根据实验数据的拟合线得出陶瓷颗粒粒径公式为：

$$d_{pore}=45940\zeta^{1/2}/NPPC \qquad (2-6)$$

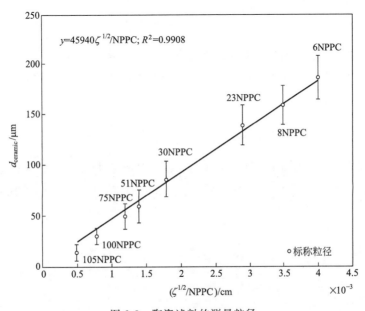

图 2-8　陶瓷滤料的测量粒径

由于陶瓷滤料的孔径与粒径都随着自变量 $\zeta^{1/2}/NPPC$ 线性变动，这表明孔径与粒径之比为一个常量，因此可以由式（2-5）与式（2-6）推导出孔径与粒径的关系式为：

$$d_{pore}=0.1648d_{ceramic} \qquad (2-7)$$

因此在同一种陶瓷滤料中，孔径的大小约为粒径的 16.5%。这个结果说明了我们使用的所有陶瓷滤料都来自同一个生产厂家，因为一个厂家中的生产工艺相同，不同的滤料内部结构相似，孔径与粒径的比值也大致相同。通过比较发现，陶瓷滤料的孔径一般比较小，而孔径相对比较大。

2.3.2　陶瓷过滤材料的孔径分布与粒径分布

由于陶瓷滤料为整体块状，因此不能采用粒径分布仪进行测试，采用电镜照片结合 ImageJ 软件分析进行观测更有利于粒径分布的统计。通过分析发现陶瓷在固相中陶瓷颗粒粒径分布呈现罗辛-拉姆勒（Rosin-Rammler，R-R）分布，则陶瓷滤料中颗粒物的质量筛累积频率的表达式为：

$$G_{ac} = 1 - \exp(-\beta a_c^{n_c}) \tag{2-8}$$

式中　n_c——分布指数；

　　　β——分布系数。

为了准确判定陶瓷颗粒符合 R-R 分布的程度，并求出分布指数 n_c 与分布系数 β，将式（2-8）进行线性化处理：

$$\ln\{\lg[1/(1-G_{ac})]\} = \lg\beta + n_c\lg a_c \tag{2-9}$$

通过 ImageJ 软件对陶瓷电镜照片进行分析得线性关系的分布图（如图 2-9 所示），将实验数据点进行线性拟合，即可得到陶瓷颗粒粒径分布线性关系的拟合方程：

$$y = 0.8232x - 1.823 \quad (R^2 = 0.9635) \tag{2-10}$$

将 y 对应于 $\ln\{\lg[1/(1-G_{ac})]\}$、x 对应于 $\lg a_c$，即可求得陶瓷颗粒粒径 R-R 分布指数 $n_c = 0.8232$，分布系数 $\beta = 0.015$，由此可得陶瓷颗粒的平均中位径 $\overline{a}_c = 163.6\mu m$。

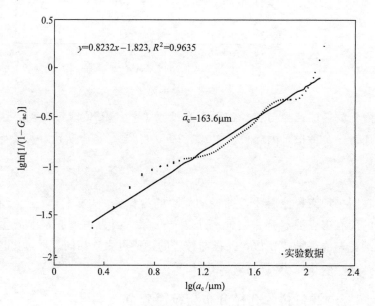

图 2-9　陶瓷颗粒的 Rosin-Rammler 分布

2.4 陶瓷过滤材料的热力学特性

2.4.1 热导率

材料的热导率是承载热量的量度，其定义为：

$$q = -\kappa \frac{\mathrm{d}T}{\mathrm{d}x} \qquad (2\text{-}11)$$

式中 κ——热导率，W/（m·℃）；

q——热量，W/cm；

$\mathrm{d}T/\mathrm{d}x$——稳态温度梯度，℃/m。

负号表示热量从较高温度区域流向较低温度区域。有两种机制有助于导热：自由电子的运动和晶格振动（又称为声子）。当材料局部加热时，热源附近的自由电子的动能增加，导致电子迁移到较冷的区域。这些电子与其他原子发生碰撞，在此过程中失去动能，导致热量由热源区向冷源区转移。与此相类似，温度的升高增加了晶格振动的幅度，晶格振动又产生并传输声子，从而将能量带离热源。材料的热导率就是这两个参数的贡献之和：

$$\kappa = \kappa_{\mathrm{p}} + \kappa_{\mathrm{e}} \qquad (2\text{-}12)$$

式中 κ_{p}——声子热导率，W/（m·℃）；

κ_{e}——电子热导率，W/（m·℃）。

在陶瓷滤料中，热流主要是由声子产生引起的，并且热导率通常低于金属的热导率。例如氧化铝和氧化铍的结晶结构比玻璃之类无定形结构的热导率更大。陶瓷滤料中的杂质或其他结构缺陷易使声子经历更多碰撞，从而使得声子的移动性下降，并使得热导率迅速下降[9]。图 2-10 表示氧化铝的热导率与玻璃百分比的函数关系，由图可知尽管玻璃黏合剂的热导率要低于氧化铝的热导率，但其热导率的下降值大于单独添加玻璃所预期的热导率的下降值。如果材料热导率是单独比例的函数，则遵循混合规则：

$$\kappa_{\mathrm{T}} = P_1 \kappa_1 + P_2 \kappa_2 \qquad (2\text{-}13)$$

式中 κ_{T}——净热导率，W/（m·℃）；

κ_1、κ_2——材料 1、材料 2 的热导率，W/（m·℃）；

P_1、P_2——材料 1、材料 2 的体积百分比。

利用净热导率表达式可以得到，氧化铝的热导率为 31W/（m·℃），并且黏合玻璃的热导率为 1W/（m·℃）。同样地，随着环境温度的升高，碰撞次数增加，并且大多数材料的热导率降低。几种材料的热导率与温度的关系曲线如图 2-11 所示。

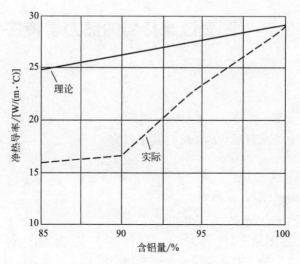

图 2-10　氧化铝的热导率曲线

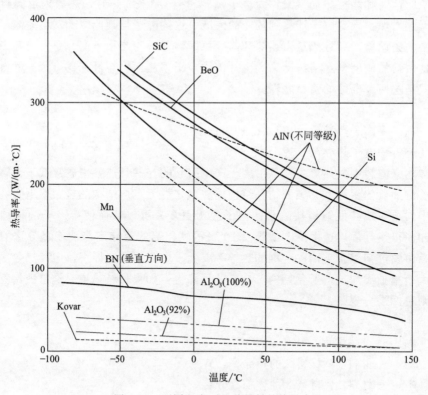

图 2-11　不同温度下几种材料的热导率

2.4.2 比热容

材料比热容的定义为：

$$c = \frac{\mathrm{d}Q}{\mathrm{d}T} \qquad\qquad (2\text{-}14)$$

式中　c——比热容，$W \cdot s/(g \cdot \text{℃})$；

　　　Q——能量，$W \cdot s$；

　　　T——温度，℃。

比热容的定义是将 1g 材料的温度升高 1℃所需的热量，单位为 $W \cdot s/(g \cdot \text{℃})$。其中 c_V 是指用体积常数测量的比热容，而 c_p 则是用压力常数测量的比热容。在常见温度内，大多数固体材料的 c_V 与 c_p 几乎相同。比热容主要是加热时原子振动能量增加的结果，大多数材料的比热容会随着温度的升高达到一个点，这个点称为德拜温度点（Debye temperature）。当材料温度达到德拜温度点之后，其比热容基本上与温度无关。几种常见陶瓷滤料的比热容随温度的变化如图 2-12 所示。

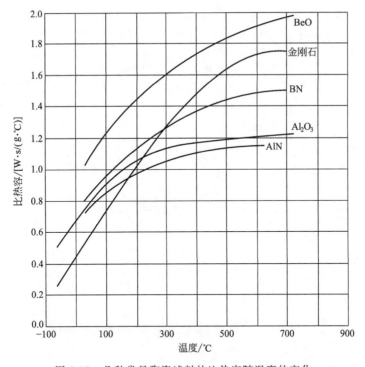

图 2-12　几种常见陶瓷滤料的比热容随温度的变化

热容 C 的定义与比热容相似，不同之处在于它是根据将 1mol 材料的温度升高 1℃所需的热量来定义的，其单位为 $W \cdot s/(\text{mol} \cdot \text{℃})$。

2.4.3 温度膨胀系数

温度膨胀系数（TCE）是由于热量增加导致原子间距不对称性增加而产生的。大多数金属和陶瓷在常见温度范围内呈现线性的各向同性关系，而某些塑料则有可能是各向异性的。TCE 定义为：

$$\alpha = \frac{l_{T_2} - l_{T_1}}{l_{T_1}(T_2 - T_1)} \tag{2-15}$$

式中　α——温度膨胀系数，$10^{-6}/℃$；

T_1——初始温度，℃；

T_2——终止温度，℃；

l_{T_1}——初始温度时的长度，mm；

l_{T_2}——终止温度时的长度，mm。

大多数陶瓷的 TCE 是各向同性的。对于某些结晶或单晶陶瓷，TCE 可以是各向异性的，并且一些甚至可以在一个方向上收缩并在另一个方向上膨胀。用作过滤材料的陶瓷通常不属于这一类，因为大多数陶瓷在制备阶段与玻璃混合，因此不具有各向异性。几种陶瓷滤料的温度膨胀系数如表 2-2 所示。

表 2-2　几种陶瓷滤料的温度膨胀系数

材料	TCE/$(10^{-6}/℃)$
Al(96%)	6.5
Al(99%)	6.8
BeO(99.5%)	7.5
BN	
平行方向	0.57
垂直方向	−0.46
SiC	3.7
AlN	4.4
ⅡA 型金刚石	1.02
AlSiC(70% SiC 负载)	6.3

2.5　陶瓷过滤材料主要化学组成

一般陶瓷滤料的主要组成有：Al_2O_3、BeO、AlN、金刚石、BN、SiC。不同的陶瓷滤材料的特性可能会随加工、组成、化学计量及其他参数的变化而存在一些差异。

2.5.1 氧化铝（Al₂O₃）

氧化铝（Al_2O_3）由于其力学性能、热力学特性和电学性能方面优于大多数其他氧化物陶瓷，是陶瓷工业中常使用的基材之一。氧化铝来源丰富，成本低廉，并且可以通过各种技术制造成各种形状。

氧化铝的微观特征是六方堆密型且具有刚玉结构，虽然存在几个亚稳态结构，但最终它们都不可逆转地转变成为六角形 α 相（图 2-13）。氧化铝在高达 1925℃ 的氧化和还原气氛中都很稳定，在 1700～2000℃ 的温度范围内的真空中质量损失范围为 $10^{-7}～10^{-6} g/(m·s^2)$。氧化铝具有很高的耐腐蚀能力，除了在含氟的湿润环境下，氧化铝对所有气体都能抵抗至少 1700℃ 的腐蚀，氧化铝（尤其是含有一定百分比玻璃的低纯度氧化铝组合物）在高温下易被碱金属蒸气和卤酸侵蚀。

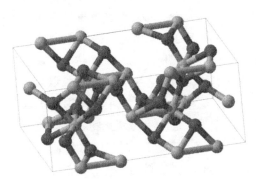

图 2-13　氧化铝分子结构

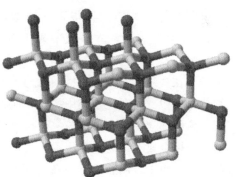

图 2-14　氧化铍分子结构

2.5.2 氧化铍（BeO）

氧化铍（BeO）是立方密堆积型的纤锌矿结构。α-BeO 在 2050℃ 以上是很稳定的，当温度高于 1100℃ 时会发生水解并析出氢氧化铍蒸气。BeO 在高温下可以与石墨反应形成碳化铍。氧化铍分子结构见图 2-14。

氧化铍的导热性要高于氧化铝，由于其极高的导热性而得到了广泛的应用。然而，氧化铍热导率受温度影响较大，当温度达到 300℃ 以上时迅速下降。而且，氧化铍可通过各种制造技术形成各种几何形状。虽然纯净形式的氧化铍非常安全，但 BeO 飞灰进入人体的呼吸道后是具有毒性的，因此在加工 BeO 必须进行安全防护。

2.5.3 氮化铝（AlN）

氮化铝与纤锌矿以共价键合的形式存在。氮化铝受温度影响比较明显，在 2300℃、1atm（1atm＝101325Pa）下会在氩气气氛中发生分解，当处于 2700℃、10atm 的条件下会在氮气中发生熔化，在高于 700℃ 时会在低浓度的氧气（小于

0.1％）中发生氧化。氮化物的保护层能承受的温度为1370℃，当超过该温度时保护层会遭到破坏，从而新的氧化层继续形成。氮化铝受到氢气、蒸汽或碳氧化物的影响较小，当温度达到980℃时，它会在无机酸中缓慢溶解，并在水中缓慢分解。AlN的热导率不随BeO的温度变化而变化，直接键合铜（DBC）可以通过在衬底表面上形成氧化物层而附着到AlN上，DBC在约963℃下与氧化铝形成共晶。然而，氧化物层大大增加了热阻，部分抵消了氮化铝的高导热性。

2.5.4 金刚石

金刚石基底主要是通过化学气相沉积（CVD）生长形成的。采用甲烷（CH_4）和氢气（H_2）的混合物作为反应气氛（其中CH_4的体积分数约为1％～2％），将碳基气体通过高温炽热区域（如高温等离子体区域、高温炽热固体表面周围区域或燃烧火焰区域等），使之维持在700℃以上的高温下进行反应，由此得到金刚石基底。金刚石与石墨的占比与生长速率成反比，由等离子体产生的膜具有0.1～10μm/h的生长速率，并且具有非常高的质量，而通过燃烧方法生产的膜具有100～1000μm/h的生长速率并且质量较低。生长位置开始于成核位点，并且呈柱状生长，在法线方向上比在横向方向上生长得更快。最终，柱子一起生长以形成多晶结构，其中微腔在整个膜中扩散，所得到的基底略显粗糙，具有2～5μm的表面变化，该特征会降低有效热导率。金刚石可以作为涂层沉积在氧化物、氮化物和碳化物等难熔金属上，为了获得最大的附着力，表面应该是具有低TCE的碳化物形成的材料，由于金刚石具有极高的导热性，是其他陶瓷滤料的几倍，因而用作陶瓷过滤材料时，在高温烟气环境中能获得良好的导热性能。

参考文献

[1] Tang S, Deng J, Wang S, et al. Ablation behaviors of ultra-high temperature ceramic composites. Materials Science and Engineering: A, 2007, 465 (1): 1-7.

[2] Harper C A. Handbook of Ceramics Glasses, and Diamonds. New York: McGraw-Hill, 2001.

[3] Zhang W, Li C-T, Wei X-X, et al. Effects of cake collapse caused by deposition of fractal aggregates on pressure drop during ceramic filtration. Environmental Science & Technology, 2011, 45 (10): 4415-4421.

[4] Coury J R, Thambimuthu K V, Clift R. Capture and rebound of dust in granular bed gas filters. Powder Technology, 1987, 50 (3): 253-265.

[5] Podgórski A, Zhou Y, Bibo H, et al. Theoretical and experimental study of fibrous aerosol particles deposition in a granular bed. Journal of Aerosol Science, 1996, 27: S479-S480.

[6] Smid J, Peng C Y, Lee H T, et al. Hot gas granular moving bed filters for advanced power systems. Filtration & Separation, 2004, 41 (10): 32-35.

[7] Hsiau S S, Smid J, Tsai S A, et al. Flow of filter granules in moving granular beds with louvers and sub-

louvers. Chemical Engineering and Processing：Process Intensification，2008，47（12）：2084-2097.

[8] Poon C Y，Bhushan B. Comparison of surface roughness measurements by stylus profiler，AFM and non-contact optical profiler. Wear，1995，190（1）：76-88.

[9] Garrou P. Aluminum nitride for microelectronic packaging. Advancing Microelectronics，1994，21（1）：6-10.

第3章

细颗粒物的物理化学性质

工业燃煤炉窑中废气所含亚微米粒子和内燃发动机微粒的排放是大气环境中重要的细颗粒物污染源，细颗粒物对生态环境造成危害并且严重影响了公共健康。Alessandrini 等[1]的流行病学研究以及实验研究表明人为的空气污染物尤其 PM 颗粒是导致肺部疾病的辅助因素。由于自然源或加工过程以及人类活动产生的超细微粒与纳米粒子存在于空气中，在过去的十多年中逐渐引起了人们的重视[2]。

3.1 细颗粒物排放源

3.1.1 燃煤工业细颗粒物固定源

火力发电厂是利用可燃物（例如煤）作为燃料生产电能的工厂（图 3-1）。它的基本生产过程是：燃料在燃烧时加热水使其生成蒸汽，将燃料的化学能转变成热能，蒸汽压力推动汽轮机旋转，热能转换成机械能，然后汽轮机带动发电机旋转，将机械能转变成电能。来自火力发电厂的细颗粒物主要来源于燃煤飞灰和燃烧过程中所形成的挥发性烃类化合物，通过机械式或静电式除尘器将燃煤飞灰进行处理后，通过 FGD 吸收塔将烟气进行喷淋洗涤，再将洁净气体进行排放。随着我国超净排放标准的稳步推进与执行（颗粒物排放限值为 $5mg/m^3$）[3]，以及日益严格的大气类环境保护法律法规的约束，现代火力发电厂在大气颗粒污染排放方面面临着巨大的压力与挑战。

工业炉窑使用的燃料也随着燃料资源的开发和燃料转换技术的进步，由最初采用块煤、焦炭、煤粉等固体燃料逐步改用窑炉煤气、城市煤气、天然气、柴油、燃

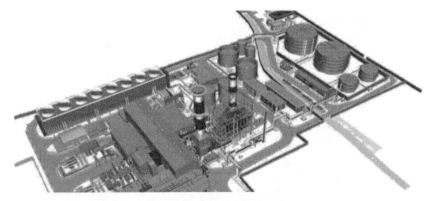

图 3-1   现代火力发电厂鸟瞰图

料油等气体和液体燃料，并且研制出了与所用燃料相适应的各种燃烧装置。由于工业炉窑种类繁多，目前对于各种不同窑型的颗粒物排放仅依靠行业标准进行限制，因而这些标准相对而言较为宽松。随着国内外环境治理要求的不断提高，对于窑炉产生的污染物治理的相关标准也日益严格。

此外，散煤燃烧排放对细颗粒物的贡献机理与工业燃煤情况基本一致，其燃烧过程中会直接排放细小的颗粒物，受煤质的成分影响，这些颗粒物中常富含重金属和多环芳烃等有害物质[4]，既影响空气质量，也对人体健康有一定的危害。相比工业燃煤，散煤燃烧具有如下特点：散煤的品质总体上不如工业煤，一般杂质更多；散煤燃烧的排放控制远远落后于工业燃煤，换句话说，同样是 1kg 的散煤和工业煤，燃烧后排放的污染物肯定是散煤更多；散煤燃烧的区域非常分散，其排放生成的气态污染物在大气环境中的接触反应更为广泛。

煤在锅炉中悬浮状态下进行多级燃烧，其温度峰值可达到 (1450 ± 200)℃高温，该温度超过了大多数矿物质的熔点温度，使得煤中各种化学成分在燃烧过程中发生了各种化学和物理变化（图 3-2）。其中，黏土形成了含复杂硅酸盐的玻璃球；黄铁矿转化为硫和铁的氧化物，演变成球形颗粒状的磁铁矿和氧化铝；熔融态的矿物质形成球体，迅速冷却至熔点以下，并在无定形玻璃中冷却（图 3-3）。一般约有 1%～2%（质量分数）燃煤飞灰主要由空心微球形硅酸盐玻璃组成，其中二氧化硅含量较高且钙含量较低，部分粒度较小的燃煤飞灰颗粒在除尘中发生了逃逸，从而形成了电厂的细颗粒物排放源。

3.1.2 机动车尾气移动源

机动车辆尾气排放是大气颗粒污染物的重要来源，这种颗粒物的主要组分包括炭黑、有机组分和硫酸盐[5]，粒径都非常细小（$D_{PM}<2.5\mu m$，称为 $PM_{2.5}$），$PM_{2.5}$ 中主要含有机物（OM）和元素碳（EC）等（图 3-4），同时机动车排放的气态污染物中的挥发性有机物（VOCs）、氮氧化物（NO_x）等是 $PM_{2.5}$ 中二次有机

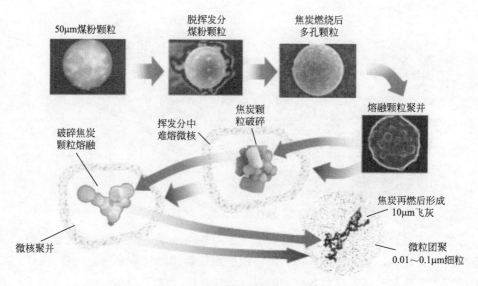

图 3-2 燃煤细颗粒物形成机理

图中标注:
50μm煤粉颗粒
脱挥发分煤粉颗粒
焦炭燃烧后多孔颗粒
焦炭颗粒破碎
熔融颗粒聚并
挥发分中难熔微核
破碎焦炭颗粒熔融
微核聚并
焦炭再燃后形成10μm飞灰
微粒团聚0.01~0.1μm细粒

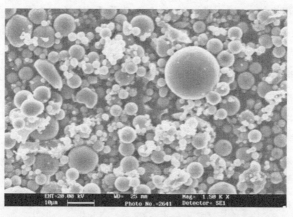

图 3-3 燃煤电厂无定形球状颗粒飞灰电镜照片

物和硝酸盐的"原材料",但由于其排放的颗粒物质量浓度较低,因此早期的研究相对较少,然而随着缸内直喷(gasoline direct injection,GDI)技术逐渐替代传统进气道喷射(port fuel injection,PFI)技术[6],进气方式的改变导致颗粒物排放量大幅增加,并且随着城市化进程的加快,机动车保有量在不断地快速增加,导致细颗粒污染物严重威胁着人类的健康。科学研究表明,由于细颗粒物很容易经人体支气管深入肺泡,导致肺尘类疾病,从而产生一系列的重大疾病,其中包括哮喘、重度咳嗽、呼吸困难、慢性支气管炎、呼吸短促等,从而导致病人过早死亡[7]。同时,汽车尾气细颗粒物对环境也产生重大影响,如酸雨、雾霾等的产生,严重影响了空气的质量(图 3-5)。随着汽车尾气污染的日益严重,汽车尾气排放标准控制越来越严格,中国的排放标准一直是引用欧洲的,之前用的是 NEDC 循环,国家第六阶段机动车排放标准也紧跟步伐使用了欧盟委员会制定的 WLTP 循环[8]，该标准各项参数要求更高、监控项目更多、测试海拔要求更高，还加入了实际驾驶排放测试（RDE）。这些排放标准的不断提高，对细颗粒物的控制水平提出更高的要求。

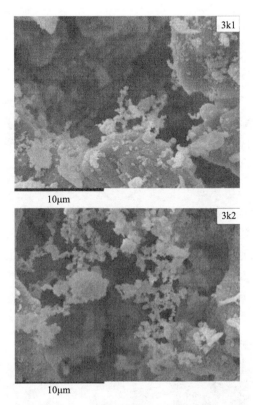

图 3-4　汽油燃烧颗粒物微观表征

3.1.3　工业生产排放

工业生产工艺过程中产生的颗粒物污染的排放方式有两大类，即有组织排放和无组织排放。

有组织排放主要是指燃煤工业窑炉在生产过程将燃煤烟气与工业逸尘收集汇集之后经过管道排放的方式，与单纯燃煤以产生热水或蒸汽的工业锅炉不同，一般工业窑炉会将煤炭与原材料相互混合进行高温煅烧，使原料被加热从而达到生产反应的目的。因此，窑炉排放的颗粒物中，除了来源于煤炭，还来源于原材料。

无组织排放主要是指原料或产品在转运、破碎、挤压等处理过程中产生的扬尘，以及工业生产工艺中的溶剂挥发等污染物的逸散（图 3-6）。无组织排放源的特点主要在于扩散源比较分散，不利于集中处理，工业中常用的方法是利用整体厂房中的集气罩进行收集，将无组织源转化为有组织源，但如果工业生产场地为露天

图 3-5　大量汽车尾气排放导致雾霾天气

场所，则不利于向有组织源的转化。

工业生产过程会直接及间接地向大气环境排放不同程度的 $PM_{2.5}$ 细颗粒物，其中产生比较多的主要集中在冶金、建材、化工等行业，尤其以炼焦、钢铁、有色金属、水泥、砖瓦等行业的工业细颗粒物排放较多，而且工业生产过程中产生的二氧化硫、氮氧化物、挥发性有机化合物（VOCs）等气态污染物，由于在大气中能进行一些二次反应，从而形成细颗粒物，因此这些气态污染物也是 $PM_{2.5}$ 形成的重要前体物。

图 3-6　工业炼焦细颗粒物无组织排放

3.1.4　其他细颗粒物源

扬尘是大气中主要颗粒物来源之一，是由于地面上的尘土在风力、人为带动及其他带动下发生飞扬而进入大气的开放性污染源［图 3-7（a）］，是环境空气中总悬浮颗粒物的重要组成部分。扬尘过程分为一次扬尘和二次扬尘，一次扬尘是由于在处理散状物料时导致空气流动，使得粉尘从处理物料堆中飘逸出来，二次扬尘由于室内空气流和室内通风把沉降在设备、地坪及建筑构筑上的粉尘再次扬起。由于道路浮土、城市裸露地面、建筑垃圾、工程渣土等的扬尘均为城市 $PM_{2.5}$ 的主要组成部分，因此对空气质量要求较高的城市比较重视对扬尘的抑制，目前对扬尘的抑制主要有生物纳米膜抑尘技术、云雾抑尘技术及湿式收尘技术。

(a) (b)

(c) (d)

图 3-7 扬尘（a）、烟花燃放（b）、餐馆排放（c）、秸秆燃烧等产生的细颗粒物污染

燃放烟花爆竹也会产生细颗粒物污染［图 3-7（b）］。由于我国是烟花爆竹的发源地，经常会在节假日或特定的日子燃放烟花爆竹。鞭炮和烟花里的火药被引燃后，这些物质便发生一系列复杂的化学反应，产生二氧化碳、一氧化碳、二氧化硫、一氧化氮、二氧化氮等气体以及 $PM_{2.5}$ 等污染物[9]，同时产生大量光和热而引起鞭炮爆炸。纸屑、烟尘及有害气体伴随着响声及火光，四处飞扬，使燃放现场硝烟弥漫。

餐饮行业也是细颗粒物主要来源之一［图 3-7（c）］。我国是餐饮美食大国，各种美食烧烤在大街小巷随处可见，由于餐饮油烟中包含的挥发性有机化合物（VOCs）较多[10]，这些有机化合物能够在大气中进一步反应转化，形成 $PM_{2.5}$ 中的有机物部分，这在学术上被称为 VOCs 的二次有机气溶胶生成潜势。餐饮油烟对细颗粒物的生成有一定贡献已是不争的事实，而且餐饮油烟（包括烧烤）如同散煤燃烧一样分布广泛且牵涉千家万户，其排放控制相应也比较困难，并且其转化过程还有待深入研究。

生物质燃烧对大气颗粒物的形成也有一定程度的贡献［图 3-7（d）］。生物质燃烧源主要是指各种农作物和植物燃烧产生的污染物排放源，其中包括农田秸秆焚烧、森林大火、草原大火。由于生物质属于有机体，含有氮、磷、钾、碳、氢、硫等多种元素，这些元素在焚烧时能够释放出大量的二氧化硫、氮氧化物、细颗粒物等污染物[11]，造成严重的大气污染。生物质在燃烧过程中会形成大量的烟雾，导致能见度大大降低，严重干扰正常的交通运输，容易引发交通事故，还会影响飞机的正常起飞和降落。

3.2 细颗粒物的主要化学组成

细颗粒物除了碳质部分，微粒中还包含有机质和硫酸盐成分，并且一些分子和官能团紧密地结合在微粒的表面，使细颗粒物由成核体和积累层两部分构成，在划分细颗粒物的主要化学组成时，一般可分为含碳成分、灰分成分、有机成分和硫酸盐成分四个部分，但从严格意义上讲这四种成分的分别并不明显。

3.2.1 含碳成分

细颗粒物的含碳部分虽然在术语上称为碳基（Carbonaceous），但科学界对于这样的叫法存在一些争议，其主要原因在于有很多科学家们认为准确的碳基命名必须以识别真正的含碳物质为基础。然而，对于哪些物质属于真正的含碳物质，而哪些物质不属于这个范畴，实际很难以界定。通常，为了便于分辨碳基部分的归属，碳基部分可包括碳、氢、氧、氮、硫这 5 种基本元素，除了拥有基本碳核之外，氢元素是碳基部分含量较高的元素，常见的碳基成分有 C_8H、C_9H 和 $C_{10}H$。这些表达式主要来源于经验推测，可以概括为 C_xH_y 或 C_nH，其中作用指数（也称为含碳度）$n=x/y$ 表示碳与氢的原子比。简单地说，n 的值越高，含碳度越大。n 的概念同样适用于未分级的颗粒，也就是说，它表示相对的富含碳质部分和有机部分。例如，让废气流经两个串联的过滤器以捕集细颗粒物样品，初级过滤器的温度与废气的温度不同，而二级温度保持在 65℃，然后将颗粒沉积物中的氢和碳进行量化计算。由图 3-8 可知，随着温度的升高，有机化合物的含量会降低，此时"气粒转化率（即挥发性有机物向超细物的转化率）"会增加。并且在初级过滤器上 n 增加，即随颗粒物含碳度的增加，有机质在不断减少，而在二级过滤器上 n 是恒定的，即有机碳和碳质的相对比例保持相对稳定。还应该指出的是，在主要过滤器上，n 增加不仅仅是因为 C 的百分比增加，而且还因为 H 的百分比下降，这对于颗粒物中的有机成分来说是一个合理的结果，即 $n \approx 0.5$。一般来说，n 值越高，则颗粒的硬度越高、越干燥且色泽越显得黑。

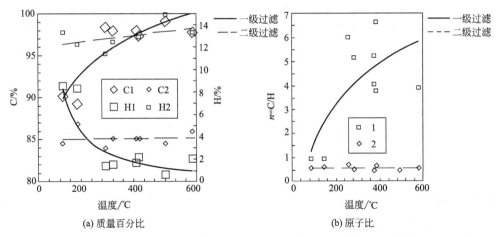

(a) 质量百分比　　　　　　　　　　(b) 原子比

图 3-8　燃烧过程粒径＜400nm 的颗粒中碳（C）和氢（H）含量

在现存的颗粒物成分研究中，对于除碳、氧之外的主要元素（O、N 和 S）的相关研究鲜见报道。也有研究表明，颗粒物中氧和氮的质量分数分别为 5%～10% 和约 0.5%（相对于碳的原子比约为 200 和 50），硫的质量分数小于 0.2%[12]。虽然含碳细颗粒物的微观结构可以通过仪器进行表征（类似于石墨结构），然而目前并没有合适的经验表达式来准确表示 H、O、N 和 S 的相关化学反应，同时对于含碳细颗粒物中这些化学元素所表征的性质和硫在石墨层内化学结合方式也鲜见报道。甚至有研究表明，含碳细颗粒物球体内部并没有 H、O、N 和 S 这四种元素，它们仅存在于球体表面。同时，有些有机物与微球体的结合较为紧密，能够有效抵抗高温转化过程的分离与蒸发，顽强地附着在微球体的表面。由此，积炭表面顽固性残留有机化合物理论能够很好地解释氧化催化剂中积炭的异常增加，也就是说，碳球内部确实隐藏有氢，并以某种未知的形态存在。随着位置点越接近碳球的核心，含碳度（n）会随着深度增加而增大，这表明了随着位置越深入碳核，则芳香性在不断地减少，而石墨性在不断地增加（图 3-9）。

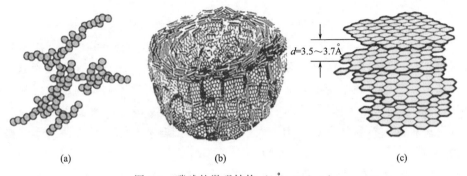

(a)　　　　　　　　　　(b)　　　　　　　　　　(c)

图 3-9　碳球的微观结构（1Å＝0.1nm）

如果将机动车尾气排气系统沉积物置于温度＞600℃的惰性气氛中，氢从积炭中流失。通过持续的脱氢可获得一种名为"石油焦"的沉积物。通过进一步灼烧将碳粒中的有机质逐步分离，当碳粒的质量损失达到70％时，n 由初始值 37 上升到 167。但这种燃烧碳化趋势的规律只与一部分有机质相符合，有学者已经明确指出有一小部分有机分子并不是呈现吸附态，而是氢与碳粒上的碳以化学键的形式相结合，这些来自燃料的氢原子可能会与碳原子紧密结合，从而留在碳粒的表面[13]。由此，在碳粒形成时氢和氧的共存形式不仅仅表现为吸附态的有机化合物，这对于颗粒物在催化剂表面的氧化机制提供了合理的解释。一般来说，碳粒中的氢、氧元素可能在一定程度上有助于碳粒的进一步燃烧。目前研究表明，颗粒直径越大，则碳粒的氧化效果越差。

3.2.2　灰分成分

不同灰分的化学性质具有很大的差异。灰分的主要元素包括磷、硅、铬、钙、铜、铁、锌和硫，痕量元素有镍、镉、钾、钯、铂、铑、铈、氯、钠、镁、铝、砷和汞。很多金属元素在燃烧过程中对燃烧系统的影响较小，然而对排放尾气的成分和重金属排放量却有很大的影响。例如，对于普通燃料油来说，燃烧后的尾气中镁相对于硅的含量非常明显，而锌却几乎检测不到，但钠的含量比锌更少。而且，为了改善油的品质，在油料中加入含金属的添加剂时（即便金属含量是微量的）[14]，这些金属也容易改变灰分成分，从而成为决定灰分性质的主导因素。

金属元素与灰分颗粒结合的方式呈现了明显的微观异质性，它们以不同的形式分散附着在碳料表面或内部，这些异质性反映了不同的形成机理（如前体化合物的浓缩和分解行为不仅仅反映金属本身的性质）：

① Cu、Cr：在某种程度上，铜和铬通常与灰分颗粒中的大面积区域相隔离，由此很难发现灰分颗粒中有铜和铬的存在。

② Fe、Pb：铁和铅只能在"纳米域"或"纳米晶"中发现。

③ Ba：由于钡所形成的化合物不易在水中溶解，故在灰分颗粒的内部很难发现，只能在雾化的尾气中发现。

④ Ce：铈也仅存在于"纳米域"中。

灰分颗粒中这些纳米域（或封闭空间）的尺寸可以小到约 20nm，甚至只有几纳米，这样的微空间就真正限制了金属元素的分散，因此有些金属元素以某种方式局限于这种微观结构中，在一般研究中很难发现，这就与材料科学常提到的"纳米胶囊"概念相类似。例如，当柴油燃料加入二茂铁时，燃烧产生的灰分颗粒中呈现较少的石墨状微观结构，而铁以赤铁矿（Fe_2O_3）的形式存在于这些微结构中[15]。

实际上，金属也可以非碳质灰分颗粒的形式排放出来。如超微米铁片就可能是从排气系统内壁上释放出来的[16]。尤其是以高浓度使用有机金属燃料添加剂时

（特别是 Ce、Ba），灰分形成明显的核态灰分颗粒[17]。这些金属进入尾气系统后，通过扩散、聚集、黏附等作用逐渐在核态灰分颗粒表面形成累积层。金属纳米颗粒与金属纳米域相比，与核态灰分颗粒的结合不紧密，并且在核态灰分颗粒形成伊始，金属纳米颗粒与之共生。当灰分颗粒中的金属含量丰度为痕量水平时，灰分颗粒与金属纳米颗粒表现为混合形态，这表明尾气排放后期碳质基本燃尽。

严格意义上说，对于"灰分元素"的表述是不准确的，因为灰分中的元素很少以元素单质的形式存在，而通常是以化合态的方式存在于灰分之中。并且获得该化学成分的基本特性是必须的，因为其氧化态决定了它对环境的影响，尤其是对毒理学反应的影响。例如，了解铁是以 Fe（Ⅱ）还是以 Fe（Ⅲ）的形式存在是非常重要的，因为 Fe（Ⅱ）具有易溶性，由此更具生物可利用性[18]。

由金属所形成的化合物种类很多，包括氧化物、硫酸盐、磷酸盐以及少量的氯化物、碳酸盐和硅酸盐。有些化合物相互之间会形成组合（如氧化物-硫酸盐组合体），这使得灰分的表征研究更加困难。氧化物-硫酸铈组合体的存在形式实际上是硫酸铈均匀地分布在灰分颗粒球体内部，而氧化物则被单独隔离在纳米域内[19]。此外，灰分中不仅仅含有无机化合物，也存在有机化合物，如有机金属化合物或有机卤化物。有机金属燃料添加剂未完全燃烧是灰分颗粒中残存有机化合物的一个主导因素。

灰分中的非金属元素主要以硫和磷为主。目前灰分的研究中对于氯的报道较少，但值得注意的是，氯易形成一些对燃烧过程及环境产生不利影响的化合物，如多氯二苯并对二噁英（PCDD）和多氯二苯并呋喃（PCDF）[20]。当燃料中混入了氯后，在排放的尾气中就会产生一些不定量的含氯化合物[21]。

由于灰分中的一些化合物处于痕量水平，在进行表征分析研究时就需要仪器有更高的精度和分辨率。表 3-1 显示了城市 PM_{10} 颗粒与燃油 PM_{10} 颗粒中灰分的主要元素成分对比情况[22]，据此可知 PM_{10} 颗粒中主要含有以下元素成分。

① 硫：大多数为硫酸氢盐（60%～90%），一些为硫酸盐（0%～30%），一小部分为有机硫化物（噻吩，C_4H_4S）（10%）。

② 卤素（Cl，Br）：为有机卤化物的主要部分。

③ 铬：几乎都是 Cr（Ⅲ），可能是硫酸盐。

④ 锰：主要为 Mn（Ⅱ）。

⑤ 铜：既不是金属也不是硫化物，但是可能是一种水合硫酸盐。

⑥ 锌：与铜的赋存方式类似。

⑦ 镉：可能是硫酸盐或硅酸盐，但没有确切的证据是 Cd（Ⅵ）。

⑧ 砷：以 As（Ⅴ）的砷酸盐为主，一小部分为 As（Ⅲ）（10%）。As（Ⅲ）的毒性比 As（Ⅴ）高很多倍。

由此可知，城市环境中发现的 PM_{10} 与燃油产生的 PM_{10} 在化学特性上有明显的区别。

表 3-1　城市 PM_{10} 颗粒与燃油 PM_{10} 颗粒中灰分的主要元素成分对比

元素	城市 PM_{10} 颗粒	燃油 PM_{10} 颗粒
S	以 $M_x(SO_4)_y$ 为主,约<5%的有机硫	以 $M(HSO_4)_n$ 为主,少部分单质硫、有机硫(噻吩)
Cl	有机氯与无机氯的混合物	以有机氯为主
V	以 $V(IV)$ 为主	未检测到
Cr	含 $Cr(III)$ 的尖晶石 $[(Fe,Mg)(Al,Fe,Cr)_2O_4]$	含 $Cr(III)$ 的硫酸盐 $[Cr_2(SO_4)_3 \cdot xH_2O]$
Mn	含 $Mn(II)$、$Mn(III)$ 和 $Mn(IV)$ 的不确定性混合物	以 $Mn(II)$ 的化合物为主
Fe	$Fe(III) > 80\%$,$Fe(II) < 20\%$	无相关数据源
Cu	$Cu(II)$ 的硫酸盐,$CuSO_4 \cdot xH_2O$,其他形式的微量含铜成分	$Cu(II)$ 的硫酸盐,$CuSO_4 \cdot xH_2O$
Zn	含锌的硫酸盐为主,$ZnSO_4 \cdot xH_2O$	锌硫酸盐,$ZnSO_4 \cdot xH_2O$
As	90% $As(V)(AsO_4^{3-})$,10% $As(III)$	90% $As(V)(AsO_4^{3-})$,10% $As(III)$
Br	与氯相似	与氯相似
Cd	镉的硫酸盐和硅酸盐	镉的硫酸盐和硅酸盐
Pb	$Pb(II)$ 的氧化物配位体	$Pb(II)$ 的氧化物配位体

3.2.3　有机成分

细颗粒物中的有机成分主要由烃类化合物组成 (C_xH_y),其中包括脂肪族化合物 (如烷烃) 和芳烃类化合物 (PAH)。除氢和碳外,还存在有一些 O、N、S 杂原子与有机化合物相结合[23],如氧作为羟基 (R—OH)、氮作为硝基 (R—NO_2)、硫作为噻吩 (C_4H_4S) 和磺酸盐 (SO_2O^-) 等。一些有机硫化合物不仅仅是未燃烧的燃料残余物,而且有可能是在燃烧过程中形成的[24]。一些有机硅化合物可能是来自润滑剂的消泡剂[25]。氯作为一种少见的杂原子,也可能存在于二噁英等卤化有机化合物中[26]。

碳和氢是细颗粒物的有机成分中占比最高的两种元素,因此常用 C_nH 表示各种有机化合物,其中 n 表示饱和度范围。如果细颗粒物中的有机成分以未燃烧的燃料或润滑剂化合物为主,则 n 的取值范围一般在 0.5～10 之间[23]。如果环境温度越低,则同样的含碳量可得到的有机物种类越多,即 n 的取值就会越小。例如,当温度>300℃时,$n \approx 5$;当温度<100℃时,$n \approx 1.0$。如果将沉积的微粒进行再燃烧实验,可以发现细颗粒物中有机成分逐渐演变成碳化状态,这就是我们宏观所观测的燃烧过程中释放出 CO_2 和 H_2O,使得细颗粒中的氢相对于碳的含量逐渐减少。

细颗粒物中有机成分的质量七分图如图 3-10 所示[27]。由图可知,烷烃、芳烃、过渡态物质和含氧化合物这四种组分的黏度和含油量较高,而其他组分固体化程度较高。一般来说,细颗粒中烷烃的饱和程度较高 ($n \approx 2.0$),而其他组分的饱和程度较低,如醚不溶物 ($n \approx 1.0$)。细颗粒中有机组分特点为:

① 醚不溶物:携带了大部的氮 [<2% (质量分数)],然而这部分氮却不是

细颗粒物中的总氮。

② 含氧化合物和酸性物质：携带大部分氧 [10％～20％（质量分数）]。

③ 芳烃和过渡态有机物：含量处于中间态水平。

④ 烷烃：含量最低 [<2％（质量分数）]。

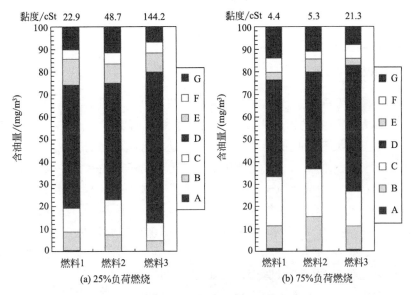

图 3-10　细颗粒物中有机成分质量七分图

A—基态物质；B—酸性物质；C—醚不溶物；D—烷烃；E—芳烃；F—过渡态物质；G—含氧化合物

含异辛烷 90％汽油燃料：燃料 1，241℃；燃料 2，310℃；燃料 3，371℃

表 3-2 中列出了细颗粒物中常见的有机化合物。由于有机化合物种类繁多，表中只列出了几十种已知的化合物，还有几百种化合物仍然不是很明确，需要深入开展进一步的研究。有机物的术语名称一般较长，因此常常将其归为 PAH、NPAH 和烷烃三大类。

表 3-2　细颗粒物中有机组分常见化学成分

PAH	NPAH	烷烃
苊烯，Acy	单硝基：	环己烷
苊，Ace	9-硝基蒽，9-Nant	二十二烷
蒽，Ant	7-硝基苯并[a]蒽，7-NBaA	二十烷
苯并[a]蒽，BaA	6-硝基苯并[a]芘，6-NBaP	二十六烷
苯并[a]芘，BaP	1-硝基荧蒽，1-Nflu	十六烷
苯并[b]荧蒽，BbF	3-硝基荧蒽，3-Nflu	正己烷
苯并[e]芘，BeP	2-硝基芴，2-NFlr	三十六烷
苯并[ghi]二萘嵌苯，BgP	6-硝基菊酯，6-Ncry	甲基环己烷
苯并[k]荧蒽，BkF	3-硝基菲，3-Nphe	二十八烷
菊酯，Chr	1-硝基芘，1-Npyr	十八烷
二笨并[ah]蒽，DBA		辛烷

PAH	NPAH	烷烃
荧蒽,Flu	多硝基:	戊烷
芴,Flr	1,3-二硝基芘,1,3-DNP	十九烷
茚芘(1,2,3-cd),InP	1,6-二硝基芘,1,6-DNP	二十四烷
萘,Nap	1,8-二硝基芘,1,8-DNP	十四烷
二萘嵌苯,Per		三十烷
菲,Phe		
芘,Pyr		

3.2.4 硫酸盐成分

细颗粒物中的硫酸盐成分相对较为简单，该成分中不明确的化学物质较少，硫酸盐通常以结晶水合物的形态存在，其表达通式可写为 "$M_x(SO_4)_y \cdot nH_2O$"。结晶水与硫酸盐有几种不同的结合方式：一种是作为配体，配位在金属离子上，称为配位结晶水；另一种则结合在阴离子上，称为阴离子结晶水。一般认为，水分子是通过氢键与硫酸根中的氧原子相连接的。另外，水也可以不直接与阳离子或阴离子结合而依一定比例存在于晶体内，在晶格中占据一定的部位，这种结合形式的水称为晶格水，一般含有 12 个水分子。因此，n 的确定完全取决于水与硫酸盐的结合方式[28]。当然，有时结晶水的赋存方式并不是单一的，可能是几种结合方式进行混合搭配，这就导致 n 的计算变得更加复杂[29]。

由于灰分的存在，金属硫酸盐会产生明显的分离边界层，从而形成一个个单独的晶胞。细颗粒中硫酸盐的占比主要取决于燃料的预处理和硫酸盐本身的性质，如有些硫酸盐在加热时可能分解释放单质硫、SO_2 或 SO_3，分解后的固体残留物只有金属和灰分；有些硫酸盐可能是不溶的或微溶性质，其赋存方式处于"硫酸盐"和"水溶性硫酸盐"之间；有些硫酸盐在形成阶段就已经部分挥发，所形成的硫酸盐产物中的含硫量与燃料中的含硫量有很大的出入，这时靠燃料中的含硫量来给细颗粒物中的硫酸定量就会很不准确[30]。

根据细颗粒物的来源不同，硫酸钙（$CaSO_4$）的形成机理以及在颗粒物中的含量是有很大差别的。当采用煤作为主要燃料时，一般需要采用 FGD 湿法脱硫方式，这种方法常采用的脱硫剂为石灰石粉（$CaCO_3$）或生石灰粉（CaO），当遇到烟气中的 SO_2 和 H_2O 时，生成了 $CaSO_3 \cdot 1/2H_2O$，氧化下形成了 $CaSO_4 \cdot 2H_2O$（s），由于脱硫净气排放过程中会产生烟气带水的情况，含 $CaSO_4 \cdot 2H_2O$（s）及其他杂质的水滴在温度的影响下变成了细颗粒物，这样的颗粒物中硫酸钙的占比相当大。当采用燃油在机动车发动机中燃烧时，无论是高排气温度还是高发动机负荷情况下，在稀释管道的过滤器上都会有 $CaSO_4$ 出现，这是由于润滑油供给量过少以及 SO_2 抢占三效催化剂的活性导致被催化氧化形成 SO_3[31]，从而与排气系统中的水汽结合进一步形成 H_2SO_4，当遇到尾气中的钙基物质就形成了 $CaSO_4$。由于硫酸钙具有很强的附着性，当形成细颗粒物时结构致密，一旦进入空间形成飘尘，对人体的危害很大。硫酸盐颗粒的尺寸大小各异，目前通过电镜已观测到的微观硫酸盐的最小粒度约为几百纳米的球形颗粒。

3.3　细颗粒物的物理特性

细颗粒物的团聚、聚并、捕集、过滤等操作都与颗粒性质相关，深入了解其物理特性有助于结合实验测试进行颗粒捕集相关机理的研究。对于一般过滤器而言，细颗粒物的粒径和形状能够决定表面滤饼的空隙空间，颗粒干燥或湿润性（即粉状沉积物与含油沉积物）可决定颗粒之间及其与过滤器的黏附性，沉积物的致密性或填充密度可决定气流的穿透性和过滤器前后的阻力损失。

3.3.1　晶形结构

细颗粒物本质上是含碳附聚物，其基本结构单元是各不相同的无定形微小拟球体，从球体表面到球心的碳原子分布特征及结合方式，可以深入了解到这些无定形球体的微结构（纳米结构）是与其形成过程紧密相关的（图 3-11）。多年来，科学界对于细颗粒物微观结构的认识一直有争议，但随着现在纳米级仪器设备的快速发展，通过电子衍射、X 射线或中子散射、拉曼光谱等先进手段的观测，使得我们从根本上认识了细颗粒物的晶形结构（图 3-12）。目前得到普遍认可的微球体晶形结构形式如下：

① 碳原子的排列方式为重复六元排列环，形成平面六边形"阵列"；

② 六边形阵列通过化学键相结合，形成平行的、面心对齐的层片状；

③ 堆叠的片层形成具有各向同性的结构域，亦称"微晶"；

④ 微晶以随机方式进行堆叠，形成完整的小球。

这种堆积排列方式意味着自然界约 $10^5 \sim 10^6$ 的碳原子种类可以组合成 $10^3 \sim 10^4$ 种微晶结构，衡量微晶结构的特征尺度称为基面六边形的"总体宽度"和"堆叠高度"。这种独特的六边形排序结构在碳化学中称为"石墨片层结构"，片层内的碳原子通过共价键结合在一起，而层间结合力则远远弱于范德华力，因而相邻的六边形片层之间的排列并不像石墨那样遵循六边形或菱形的有序排列，从而导致其晶形结构表现比较松散。例如，柴油燃烧残留微粒与 0.335nm 的标准石墨微粒相比，其晶形结构呈现出 0.350nm 的"扰动型"石墨结构[32]，柴油燃烧残留微粒的微晶片层相对于彼此呈滑落状，致使结构间距略有增加，通常称为"乱层"。因此，柴油燃烧残留微粒的微观结构通过与石墨类比，可以更准确地称为"准石墨"微晶结构。研究表明，所有细颗粒的微观结构都是其半径的函数，并且其外部区域和内部区域有着明显的区别：

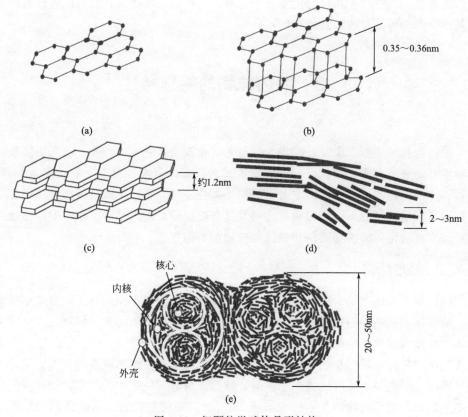

图 3-11　细颗粒微球体晶形结构

① 外部区域

微晶片层始终与球体表面相切，由此微晶形成同心、近乎同心的洋葱状环和紧密堆积的薄片。

② 内部区域

微晶在小范围内或有序、大范围内随机取向。

通过分析柴油燃烧残留微粒样品会发现颗粒微晶处于有序和无序之间的平衡：采用电子衍射分析会发现微粒的结构由部分无定形结构和部分结晶体联合组成，由于燃油颗粒的无定形性使得它们很容易与石墨区别开来。

内部的无定形区域形成了母体胞核，使得很多碳不断地聚集在它的周围形成小颗粒；如果小颗粒中存在多个无定形区域时，聚集成团过程就会加快。采用高倍电镜进行观测时，这些无定形区域经常显得模糊不清，不能将其定义为离散的实体。如果团聚体之间没有结合在一起，微晶会在中间的裂缝中生长成新的内部核心，随着微晶的逐渐长大形成一个具有外壳的微晶体，此时小颗粒部分融合逐渐形成一个包裹微晶的薄层胞衣状的外壳。

由于生长过程中形成条件存在着一些细微的差异，不同细颗粒的微观结构各不

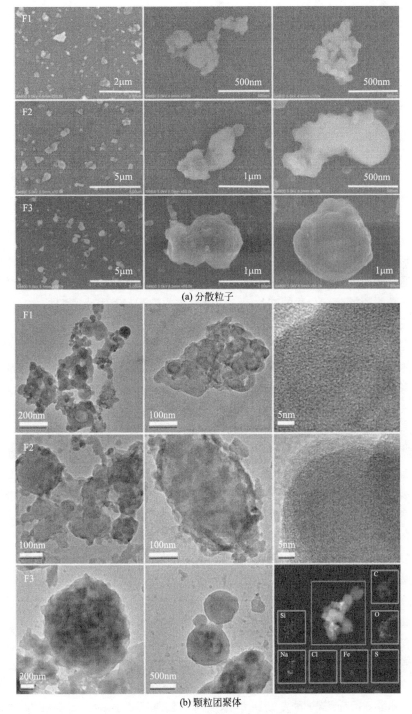

(a) 分散粒子

(b) 颗粒团聚体

图 3-12 细颗粒物微观形态高倍电镜照片

相同，这样构成了各种各样的晶形结构，其中主要产生变化的参数有：

① 石墨性、结晶度和无定形的比例；

② 片层同心度；

③ 片层间距；

④ 球形度。

例如，来自汽车尾气的细颗粒物就易受发动机运转状况的影响，当发动机处于正常负荷运行时，尾气中微粒的球形度较差，胞衣沿微晶表面呈现波纹状，随着微晶尺寸的增大，其结晶程度增大，其微观结构也就越呈现石墨化。细颗粒聚集球链从中间到两端结晶度逐渐呈现出下降的趋势，这是由于聚集球链在富集细颗粒过程中周围有更多的未完全碳化的细颗粒。而且，如果燃料中 PAH 含量较少时，也会导致细颗粒在形成过程中不能很好地形成有序微观结构。

3.3.2 微观形态

在形态学研究中，通常对粒子进行各种统计评估来从二维图像中得到三维微观形貌。通常可以将采样探头插入排气流中，基于惯性沉积法、静电沉积法或热电泳沉积法将颗粒累积捕获在合适的基片上。由于颗粒的输运与其大小密切相关，故采用惯性沉积法取样所得颗粒比较具有代表性。而静电沉积法或热电泳沉积法捕集颗粒比较适合研究最远行程的颗粒。在研究粒子的微观形貌之前，还必须考虑所采样的颗粒是否已经达到真实沉积，由于在同一位置捕获的样品是由多个粒子不断沉积组成，通过高倍电镜表征初步确定颗粒的大小范围是很有必要的。在电镜照片中如果由于颗粒结合以致球形难以分辨，会导致粒子尺寸的估计产生误差，因此在使用探头进行采样时确保适合的停留时间和颗粒浓度，可以有效地消除一些不确定性因素对微观形貌表征的影响。同时，保持较低的颗粒速度还有利于避免由于颗粒的碰撞所产生的形变与破碎。

颗粒微观形态一般主要表现为两种形式：分散粒子和颗粒团聚体（图 3-12）。在微观表征电镜照片中分散粒子一般呈现圆球状，但实际上并非绝对的球形，每个粒子都具有不同的球形度。当粒子之间结合比较紧密时，会产生相互融合或多层覆盖，这样会导致微粒的真实形貌难以表征出来。

大量的表征分析表明，一般细颗粒物的表征尺寸范围为 20～50nm 时，能够得到比较清晰的微观形貌。图 3-13 为一般大气中处于不同粒径范围的细颗粒物的归一化浓度分布曲线[33]，对于燃烧微粒通常满足单分散性假设。从完全相同的取样点所采集的细颗粒物其尺寸变化差异较小（图 3-14），一般认为这一点尺寸分布的宽度仅仅反映了形成阶段的多样性，即不同尺寸颗粒只是形成路线不同。

不管采用什么样的燃烧方式，细颗粒物的分布特性总是很相似。燃料在锅炉或工业炉窑内燃烧时，不同的氧气百分比可能会对颗粒粒度存在一定的影响，其变化量为 20～30nm；而燃料在发动机中燃烧时，氧气百分比对于粒度的影响要小得多。例如：发动机在怠速运行与非怠速运行时，所测得的颗粒粒度变化相差仅 2～3nm[34]；发动机燃油喷射时间点和尾气再循环利用率变化较大时，所测得的颗粒

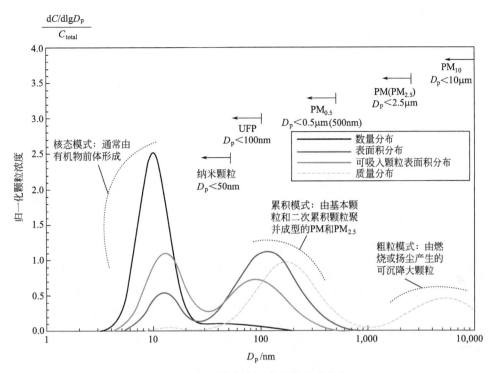

图 3-13　细颗粒物归一化颗粒浓度分布

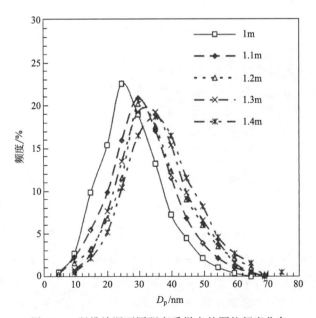

图 3-14　距排放源不同距离采样点的颗粒频度分布

粒度变化相差 10～15nm[35]。虽然尾气中微粒的粒度大小与燃烧温度、表面生长方式以及氧气百分比有一定的关系，但这并不意味着所有的发动机都能遵循这种规律，这方面还有待进一步开展更深入的研究。

相邻的细颗粒之间由于存在一定的库仑力、液桥力以及范德华力，相互之间在碰撞、挤压、接触过程中可能会发生一定程度的团聚。颗粒团聚体的大小各异，形状千差万别，目前的研究表明团聚体的形状及尺寸与微粒的粒度并没有直接的关系。从大量统计数据来看，来自发动机的微粒发生团聚的概率比较小，而来自燃煤锅炉和炉窑的微粒团聚概率较高，这是由于微粒的数密度及在运动过程中所受的环境参数影响不同，导致相邻颗粒之间受力存在一定的差别。

每个团聚体可能包含有几个到几百个细微颗粒，而一个个的单分散微小颗粒几乎不存在。一般来说，通过燃烧所得到的球形微小颗粒物满足对数正态分布，而由它们组成的团聚体却不满足对数正态分布。构建团聚体与微粒之间的关系是很有价值的，因为相对而言团聚体的尺寸易于测定，由此难以采用仪器测定的微粒尺度分布、微粒密度以及团聚体的填充度便可以通过该关系推演出来。通过对团聚体电镜作图，可以得到两种直径：最小球体直径，即团聚体正方体对应内切球体直径；最大球体直径，即团聚体正方体外接球体直径[36]。如果绘制很多同心圆就可得到两圆之间的微颗粒的数目，从而得到"最大的球体"与"最小的球体"的函数关系式，由此可以确定团聚体是属于松散堆积的低密度团聚体还是属于紧密堆积的高密度团聚体（图 3-15）。

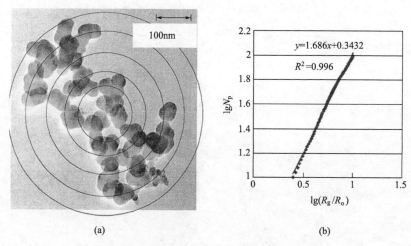

图 3-15 团聚体回转直径与分形维数的关系

由于细颗粒的微观形态具有复杂性和多样性的特点，每个粒子都有其单独的特征，并且它们团聚组合出来的团聚体的形态也是千差万别，常见的团聚体微观特征有"羽毛状""游丝状""椰菜花状""海绵状"等。由于这种性状的描述只能定性地表示细微颗粒在微观层面的团聚方式，而对于其进行定量表达就不那么容易，早期的定量研究通常是对数量庞大的电镜图片进行人工统计，这样导致工作量极大，并且由于研究者的主观评估导致统计数据的可信度较低。随着高性能计算机的长足发展以及分形理论科学在各领域的渗透与应用，采用分形维数来描述团聚体的紧密程度为细颗粒物的团聚类性质提供了可靠的计算依据。根据图 3-16 所示团聚体回旋直径与细颗粒基本粒子的粒度关系，可得到分形维数的一般表达式为：

$$n = k_f \left(\frac{R_g}{d_s} \right)^{D_f} \tag{3-1}$$

式中　　n——团聚体中基本粒子数；

　　　　d_s——基本粒子直径，nm；

　　　　R_g——回转半径（即每个基本粒子球心到团聚体几何中心的距离），nm；

　　　　D_f——分形维数；

　　　　k_f——指前因子。

由于所获得的电镜照片为二维图像，而实际空间中是由基本粒子组合成的三维立体团聚体，因此如果采用平面图统计的 n 就会与实际值存在一定出入，式（3-1）就必须根据面积比值进行修正：

$$n = k_f \left(\frac{A_a}{A_s} \right)^{\alpha} \tag{3-2}$$

式中　　A_a——团聚体所占面积；

　　　　A_s——基本粒子面积；

　　　　α——倍率指数。

基本粒子组成团聚体时，可能会因为相互叠加、相互遮挡等不确定性因素，导致 α 的值会存在一些变化。通过式（3-2）得到不同的 n 值后 [图 3-16（a）、(b)]，借助式（3-1）进行线性拟合可得到 k_f、D_f [图 3-16（c）]。

目前所描述的颗粒微观形态仅对干态的稳定性团聚体和细颗粒而言，而有些情况下由于空气中的水汽转移到团聚物中，或有些种类的微粒本身由挥发性有机物形成、在电镜的电子束照射下马上挥发，这样可能会导致团聚体的微观特征产生一些变化。当烟气中的有机化合物或未燃烧的烃类化合物的含量很高时，团聚体就会看起来较大或被液膜包覆，有时甚至完全模糊不清。而挥发性化合物则会存在于形成团聚体的基本粒子之间的空隙中或形成新的衍生物质，从而掩盖了碳质骨架，提高了团聚体的球形度。这是因为包络液体薄膜的表面张力在努力使总表面积最小化，迫使微料小球之间的相对滑动，使之形成紧凑形态。在进行图像处理时，由于电镜照片中的一些奇异粒子非典型特征，需要将其剔除，这样有利于在分析统计过程中规避较大的误差。目前所报道的燃烧产生的亚微米粒子主要以粒径约 300nm 的球形硫酸盐颗粒为主。

3.3.3　颗粒密度

颗粒的密度主要有两种表征方式：体积密度和有效密度。体积密度是指材料在自然状态下单位体积（包含材料实体、开口孔隙、闭口孔隙的体积，但不含颗粒之

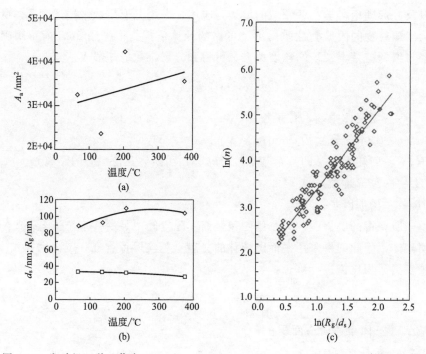

图 3-16　发动机四种工作点（675/0、1400/0、900/15、1400/50r/min/%燃烧负荷）

所得捕集微粒的团聚体面积（a）、回转半径与基本粒子大小（b）、分形维数（c）

间的空隙）的质量，俗称容重。

$$\rho_V = \frac{m_A}{m_A - m_W} \tag{3-3}$$

式中　ρ_V——体积密度，g/cm^3；

　　　m_A——样品在空气中的质量，g；

　　　m_W——样品在水中的质量，g。

有效密度是指单位体积中材料的实体质量与所排水质量之差，又称为浮密度。

$$\rho' = \frac{m_S - \rho_W V_S}{V} \tag{3-4}$$

式中　ρ'——有效密度，g/cm^3；

　　　ρ_W——水的密度，g/cm^3；

　　　m_S——固体真实质量，g；

　　　V_S——样品排水体积，cm^3；

　　　V——样品表观体积，cm^3。

体积密度与有效密度的定义极为相似，甚至在有些情况下直接将体积密度视为有效密度。细颗粒物的体积密度的粗略估计相对简单，可以通过四种较为明显的组分进行计算（碳质、有机质、硫酸盐及灰分）。通常细颗粒物中以碳质和有机质为主，这些成分占了颗粒物质量的主要部分。在少数情况下，燃料中含大量金属燃料添加剂或高硫燃料燃烧时，则灰分或硫酸盐可能为颗粒物质量的主要部分。某些情况下，可能有的物质体积份额并不大，但由于其属于高密度成分，使之成为颗粒物质量的主要贡献者（如金属化合物）。以下为这四种主要成分的密度特点。

① 碳质成分　碳是主要元素，其原子排列为准石墨微观结构，颗粒密度与石墨相近，即 $2.0\sim2.5g/cm^3$；由于细颗粒物中球状微观结构比石墨更松散、更无序，真实密度可能会略低。

② 有机成分　主要来源于燃料未完全燃烧所产生的残留物，燃煤烟气细颗粒物有机质成分密度为 $0.85\sim0.88g/cm^3$，燃油尾气细颗粒物有机质成分密度为 $0.9\sim1.0g/cm^3$，目前文献中较少提及热裂解烟气细颗粒物中有机质成分的密度，一般热裂解烟气中含有较多的 $C_{22}\sim C_{32}$ 正构烷烃，其密度为 $0.8g/cm^3$。

③ 硫酸盐成分　硫酸盐中一般包含有一定量的络合水 $[M_x(SO_4)_y \cdot nH_2O]$，其密度取决于水合状态。一般 n 为 7 的硫酸盐的密度为 $1.5\sim1.83g/cm^3$。

④ 灰分　由于灰分中成分的变化较大，导致灰分的密度具有明显的差别，但对于含金属硫酸盐、磷酸盐和氧化物较多的灰分，其密度易于确定，如含 Fe_2O_3 灰分的密度为 $5.18g/cm^3$，$BaSO_4$ 灰分的密度为 $4.5g/cm^3$。

细颗粒物的有效密度主要由组成成分、微观结构和粒度大小等重要影响因素确定。由细颗粒物组成的团聚体（尤其是干基含碳弧形颗粒链团聚体）一般会包含很多气体空隙，导致有效密度比单个颗粒的密度小得多。随着粒子粒度的减小，团聚体中的气体空隙逐渐减小，使有效密度逐渐接近体积密度。在成核模式中，如果颗粒是挥发性物质的球形液滴或高密度烟尘，则有效密度与体积密度相等。当团聚体的微观形态表现为羽毛状、松散状、絮状、花状时，由于空间中颗粒的丰度较小及存在很多孔隙结构，使得有效密度难以估计。

3.3.4　比表面积

细颗粒物的比表面积通常可以采用 Brunauer-Emmett-Teller（BET）吸附等温线进行表征。所测得的表面积的大小取决于很多因素，如毛细微孔对气体分子的平均自由程的影响、吸附是否受动力学或扩散限制、吸附过程是否同时存在解吸附、气体分子是否存在脱附、是否由于吸附过程产生应力使得微观结构被扭曲等。此外，表面积测量通常需要对多孔碳质材料进行一些修正。如果将细颗粒视为理想的单颗粒分散小球集合，则可以根据其粒度和数目决定其比表面积。按照球体计算密度为 $2g/cm^3$ 的炭黑，其比表面积为 $[(3\times10^{-6})/d]$ m^2/g，则 d 值不同时可得到不同的比表面积，如 d 为 20$\sim$50nm 时，所得比表面积为 60$\sim$150m^2/g。这一结果与很多研究者所得结果很接近，这说明采用单颗粒分散小球集合估计细颗粒的表面积具有一定的可行性。

通过单颗粒分散小球获得比表面的 BET 方法仅适用于没有粘黏的硬球模型，通常由颗粒组成的团聚体都是有粘黏与挤压的，如果这种情况越加明显，所得比表面值失真越大。通过电子显微照片来估计表面积相对而言更精准一些，这样可以通过团聚体的微观形态与特性进行估计，不必一定要保证组成团聚体的基本粒子是分散球。例如：燃油燃烧之后产生的细颗粒物团聚体属于絮凝状团聚体，其压缩比较大并且在烟气压力的作用下易于被压实，通过电子显微照片来估测其表面积就相对比较准确。此外，颗粒物的润湿度对于表面积的影响也是很大的，因为其润湿性会对吸附成分产生两种影响：阻挡吸附成分进入毛细孔，使得被吸附成分平滑紧固成为本体的一部分。

由颗粒堆积形成的颗粒间孔隙率易于根据小球堆积模型通过回归表面积来计算得到。由于大小各异的小球之间空腔尺寸有大有小，根据孔定义可以严格将微观孔隙分为三类：大孔（＞50nm）、介孔（2～50nm）和微孔（＜2nm）（图 3-17）。如由三个紧密堆积直径为 20nm 的小球所包围的空腔为 3nm，则其属于介孔尺度的空腔。细颗粒物团聚体的表面积不但与小球间的空隙相关，也与小球内的开口孔隙密切相关（图 3-18），一般所得到的表面积都属于估计值，而真正的表面积的精准测量还有待开展进一步的研究。如从燃烧过程中产生的碳质沉积物看，石墨片层之间（约 0.5nm）的空间就占据了颗粒团聚物的大部分孔隙空间，所测得的总孔容为 $0.23～0.36cm^3/g$。

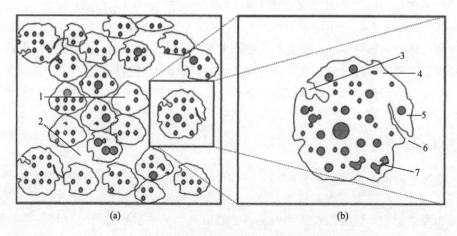

图 3-17　细颗粒团聚体孔隙结构示意照片
1—基本粒子；2—粒子间空隙；3—粒子开口孔隙；4—内部微孔（＜2nm）；
5—内部介孔（2～50nm）；6—毛细孔道；7—内部大孔（＞50nm）

3.3.5　颗粒物的介电特性

粒子荷电是指含尘气体流经电极之间的高压电晕电场时，粉尘粒子荷电的过程。它是电除尘过程的第一个基本过程，按其机理分为电场荷电和扩散荷电两类。对于直径大于 $0.5\mu m$ 的颗粒，电场荷电占主导地位；粒径介于 $0.2～0.5\mu m$ 的颗粒，两种荷电过程都是主要的。当电场中存在介电常数大于 1 的尘粒时，有以下两

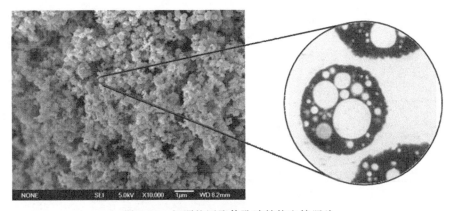

图 3-18　细颗粒团聚体孔隙结构电镜照片

种情况：

① 电场荷电　在外加电场的作用下，电场将会产生局部变形，负离子移向收尘极，这些离子沿电力线向电压梯度最大的方向运动，并在运动过程中与悬浮尘粒相遇。当一个离子移近尘粒时，尘粒内部的电荷就重新分配，导致二者之间产生吸引力，离子附着在颗粒上，从而使颗粒成为荷电粒（图 3-19）。

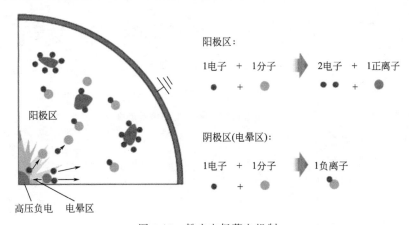

图 3-19　粉尘电场荷电机制

② 扩散荷电　气体在高压电晕的作用下产生气态离子，气态离子在做无规则布朗运动过程中与粉尘粒子碰撞，使其荷电（图 3-20），其荷电量主要取决于热运动强度、碰撞概率、运动速度、尘粒大小以及在电场中的停留时间。

简单地将电场荷电的饱和电量与扩散电量的电量相加，能近似地表示两种过程综合作用时的荷电量（图 3-21），电晕放电使尘粒表面荷上的饱和荷电量（q_{ps}）可由以下表达式进行计算：

$$q_{ps} = \frac{3\varepsilon\varepsilon_0 \pi d_p^2 E_\infty}{\varepsilon + 2} \tag{3-5}$$

式中　q_{ps}——尘粒饱和荷电量，C；

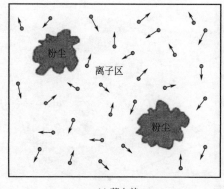

(a) 荷电前   (b) 荷电后

图 3-20 粉尘扩散荷电机制

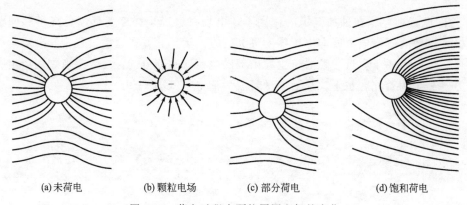

(a) 未荷电   (b) 颗粒电场   (c) 部分荷电   (d) 饱和荷电

图 3-21 荷电过程中颗粒周围电场的变化

ε_0——真空介电常数；

d_p——尘粒直径；

ε——尘粒的相对介电常数；

E_∞——距离尘粒很远处电场场强，通常取两电极间未受尘粒荷电影响的平均电场强度，V/m。

对于粒径小于 $0.1\mu m$ 尘粒的扩散荷电量（q_p）主要通过以下表达式进行计算：

$$q_p = \frac{2\pi\varepsilon_0 d_p kT}{e} \ln\left(1 + \frac{d_p \bar{u} N e^2 t}{8\varepsilon_0 kT}\right) \tag{3-6}$$

式中 q_p——粒径小 $0.1\mu m$ 尘粒饱和荷电量，C；

$\bar{u}$——离子的算术平均速度，m/s；

N——离尘粒相当远处，电场中单位体积离子数目；

t——细颗粒物进入荷电区的时间，s；

e——离子的荷电量，C；

k——玻尔兹曼常数，$k=1.38\times10^{-23}$ J/K；

T——气体的热力学温度，K。

一般来说，大于 $1\mu m$ 的颗粒主要靠电场荷电，小于 $0.1\mu m$ 的尘粒主要是以扩散荷电为主，处于 $0.1\sim1.0\mu m$ 之间的尘粒主要依靠两种荷电机制进行荷电，其荷电的数量级大致相同。由此，综合作用的粉尘荷电量（q_T）可由式（3-5）与式（3-6）联合计算：

$$q_T=\frac{3\varepsilon\varepsilon_0\pi d_p^2 E\infty}{\varepsilon+2}+\frac{2\pi\varepsilon_0 d_p kT}{e}\ln\left(1+\frac{d_p\overline{u}Ne^2 t}{8\varepsilon_0 kT}\right) \tag{3-7}$$

颗粒物的荷电特性主要通过粉尘的比电阻来体现。粉尘的比电阻即粉尘电阻率（specific dust resisitivity，或 dust resisitivity），粉尘的比电阻是指相对于单位面积（cm^2）、单位厚度（cm）上灰层的电阻值（Ω）。根据电工学理论可知，它与灰层的厚度成正比，与电流通过的灰层面积成反比。粉尘的比电阻可用下式表示：

$$\rho_{dr}=\frac{A}{\delta}\times\frac{V}{I}=\frac{A}{\delta}\times R=kR \tag{3-8}$$

式中　ρ_{dr}——比电阻，$\Omega\cdot m$；

　　　A——灰层截面积，cm^2；

　　　δ——灰层厚度，cm；

　　　I——通过灰层的电流，A；

　　　V——施加于灰层上的电压，V；

　　　R——灰层上的电阻，Ω；

　　　k——测定装置的电极系数。

比电阻的倒数通常称为电导率。各种工业粉尘比电阻分布范围会有所区别，包括燃煤粉尘在内的各种工业粉尘一般有极宽的比电阻分布范围。其中：

① $\rho_{dr}<10^4\Omega\cdot m$ 的粉尘称为低比电阻粉尘；

② $10^4\Omega\cdot m<\rho_{dr}<5\times10^{10}\Omega\cdot m$ 的粉尘称为中比电阻粉尘；

③ $\rho_{dr}>5\times10^{10}\Omega\cdot m$ 的粉尘称为高比电阻粉尘。

有人将收集高比电阻粉尘的情况用图 3-22 中所示的模拟等效电路加以解释。外阻器代表有电阻的灰层。

$$R=\delta\rho_{dr} \tag{3-9}$$

电晕极产生的离子通过灰层时产生电流，从而形成闭合回路，此时的电势差（ΔU）为：

$$\Delta U=jR=j\rho_{dr}\delta \tag{3-10}$$

式中　j——灰层电流密度。

作用于两极之间的空间电压为：

$$U_g=U-\Delta U=U-j\rho_{dr}\delta \tag{3-11}$$

式中　U——外加电压，V。

如果粉尘比电阻不太高，则沉积在收尘极上的灰层中的电压降对空间电压 U

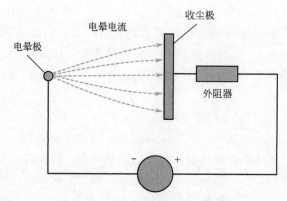

图 3-22　收尘极灰层模拟等效电路

的影响可忽略不计。随着比电阻的增高，若超过灰层的临界比电阻值 $10^9\,\Omega\cdot m$，则灰层中的电压降 U 变得很大，达到一定程度时开始发生异常现象，致使灰层局部击穿，并产生火花放电，即所谓反电晕现象。之所以将 $10^{10}\,\Omega\cdot m$ 定为高比电阻的临界值，是基于这样的条件：当灰层的厚度为 1cm、灰层的击穿电场强度为 10kV/cm 时，电晕电流密度为 $1\mu A/cm^2$。根据式（3-8），则计算出不会发生反电晕的比电阻为 $\rho=10^{10}\,\Omega\cdot m$。

参考文献

［1］ Alessandrini F, Schulz H, Takenaka S, et al. Effects of ultrafine carbon particle inhalation on allergic in-flammation of the lung. Journal of Allergy and Clinical Immunology, 2006, 117 (4): 824-830.

［2］ Morawska L, Ristovski Z, Jayaratne E R, et al. Ambient nano and ultrafine particles from motor vehicle emissions: Characteristics, ambient processing and implications on human exposure. Atmospheric Environment, 2008, 42 (35): 8113-8138.

［3］ 生态环境部标准司. 燃煤电厂超低排放烟气治理工程技术规范. 北京：生态环境部，2018：61.

［4］ Kavouras I G, Koutrakis P, Tsapakis M, et al. Source apportionment of urban particulate aliphatic and polynuclear aromatic hydrocarbons (PAHs) using multivariate methods. Environmental Science & Technology, 2001, 35 (11): 2288-2294.

［5］ Sakurai H, Tobias H J, Park K, et al. On-line measurements of diesel nanoparticle composition and vola-tility. Atmospheric Environment, 2003, 37 (9): 1199-1210.

［6］ Zhu R, Hu J, Bao X, et al. Tailpipe emissions from gasoline direct injection (GDI) and port fuel injection (PFI) vehicles at both low and high ambient temperatures. Environmental Pollution, 2016, 216: 223-234.

［7］ Liu H-Y, Dunea D, Iordache S, et al. A Review of airborne particulate matter effects on Young children's respiratory symptoms and diseases. Atmosphere, 2018, 9 (4).

［8］ Marotta A, Pavlovic J, Ciuffo B, et al. Gaseous emissions from light-duty vehicles: moving from NEDC to the New WLTP Test Procedure. Environmental Science & Technology, 2015, 49 (14): 8315-8322.

［9］ Li W, Shi Z, Yan C, et al. Individual metal-bearing particles in a regional haze caused by firecracker and firework emissions. Science of The Total Environment，2013，443：464-469.

[10] Zhao Y，Hu M，Slanina S，et al. Chemical compositions of fine particulate organic matter emitted from Chinese cooking. Environmental Science & Technology，2007，41（1）：99-105.

[11] Demirbas A. Combustion characteristics of different biomass fuels. Progress in energy and Combustion Science，2004，30（2）：219-230.

[12] Friedlander S K. Chemical element balances and identification of air pollution sources. Environmental Science & Technology，1973，7（3）：235-240.

[13] Oh K C，Lee C B，Lee E J. Characteristics of soot particles formed by diesel pyrolysis. Journal of Analytical and Applied Pyrolysis，2011，92（2）：456-462.

[14] Sakamoto S，Saito J，Kishimoto T，et al. Particulate characterization of automotive emissions by helium microwave-induced plasma atomic emission spectrometry. SAE Transactions，1997，106：336-344.

[15] Braun A，Huggins F E，Kelly K E，et al. Impact of ferrocene on the structure of diesel exhaust soot as probed with wide-angle X-ray scattering and C（1s）NEXAFS spectroscopy. Carbon，2006，44（14）：2904-2911.

[16] Vuk C T，Jones M A，Johnson J H. The measurement and analysis of the physical character of diesel particulate emissions. SAE Transactions，1976，85：556-597.

[17] Burtscher H. Characterization of Ultrafine Particle Emissions from Combustion Systems，2000.

[18] Majestic B J，Schauer J J，Shafer M M，et al. Development of a wet-chemical method for the speciation of iron in atmospheric aerosols. Environmental Science & Technology，2006，40（7）：2346-2351.

[19] Bianchi D，Jean E，Ristori A，et al. Catalytic oxidation of a diesel soot formed in the presence of a cerium additive. III. microkinetic-assisted method for the improvement of the ignition temperature. Energy & Fuels，2005，19（4）：1453-1461.

[20] Miyabara Y，Hashimoto S，Sagai M，et al. PCDDs and PCDFs in vehicle exhaust particles in Japan. Chemosphere，1999，39（1）：143-150.

[21] Dyke P H，Sutton M，Wood D，et al. Investigations on the effect of chlorine in lubricating oil and the presence of a diesel oxidation catalyst on PCDD/F releases from an internal combustion engine. Chemosphere，2007，67（7）：1275-1286.

[22] Huggins F E，Huffman G P，Robertson J D. Speciation of elements in NIST particulate matter SRMs 1648 and 1650. Journal of Hazardous Materials，2000，74（1）：1-23.

[23] Hare C T，Springer K J，Bradow R L. Fuel and additive effects on diesel particulate-development and demonstration of methodology. SAE Transactions，1976，85：527-555.

[24] Liang F，Lu M，Birch M E，et al. Determination of polycyclic aromatic sulfur heterocycles in diesel particulate matter and diesel fuel by gas chromatography with atomic emission detection. Journal of Chromatography A，2006，1114（1）：145-153.

[25] Collura S，Chaoui N，Azambre B，et al. Influence of the soluble organic fraction on the thermal behaviour，texture and surface chemistry of diesel exhaust soot. Carbon，2005，43（3）：605-613.

[26] Lohman K，Seigneur C. Atmospheric fate and transport of dioxins：local impacts. Chemosphere，2001，45（2）：161-171.

[27] Funkenbusch E F，Leddy D G，Johnson J H. The characterization of the soluble organic fraction of diesel particulate matter. SAE Transactions，1979，88：1540-1560.

[28] Tutsak E，Koçak M. High time-resolved measurements of water-soluble sulfate，nitrate and ammonium in $PM_{2.5}$ and their precursor gases over the Eastern Mediterranean. Science of The Total Environment，

2019，672：212-226.

[29] Johnson J E，Kittelson D B. Physical factors affecting hydrocarbon oxidation in a diesel oxidation cata-
lyst. SAE Transactions, 1994，103：1818-1835.

[30] Bertleff B，Claußnitzer J，Korth W，et al. Extraction coupled oxidative desulfurization of fuels to sulfate
and water-soluble sulfur compounds using polyoxometalate catalysts and molecular oxygen. ACS Sustain-
able Chemistry & Engineering，2017，5 (5)：4110-4118.

[31] Jangjou Y，Wang D，Kumar A，et al. SO_2 poisoning of the NH_3-SCR reaction over Cu-SAPO-34：effect
of ammonium sulfate versus other S-containing species. ACS Catalysis，2016，6 (10)：6612-6622.

[32] Ferraro G，Fratini E，Rausa R，et al. Multiscale characterization of some commercial carbon blacks and
diesel engine soot. Energy & Fuels, 2016，30 (11)：9859-9866.

[33] Baldauf W R，Devlin B R，Gehr P，et al. Ultrafine particle，metrics and research considerations：
review of the 2015 UFP workshop. International Journal of Environmental Research and Public Health，
2016，13 (11)．

[34] Braun A，Shah N，Huggins F E，et al. X-ray scattering and spectroscopy studies on diesel soot from oxy-
genated fuel under various engine load conditions. Carbon，2005，43 (12)：2588-2599.

[35] Mathis U，Mohr M，Kaegi R，et al. Influence of diesel engine combustion parameters on primary soot
particle diameter. Environmental Science & Technology，2005，39 (6)：1887-1892.

[36] Lazzari S，Nicoud L，Jaquet B，et al. Fractal-like structures in colloid science. Advances in Colloid and
Interface Science, 2016，235：1-13.

第4章

=====

细颗粒物团聚、挤压、坍塌形成粉饼机理

4.1 引言

陶瓷过滤器由于其高强度、耐高温及优良的耐腐蚀性能,在工业除尘中得到了广泛的应用[1,2]。然而,压降是影响过滤式除尘系统性能的重要因素之一,通常受除尘系统中过滤元件表面粉饼的形成以及粉饼孔隙率不断变化的影响。近几年的研究表明,粉饼的形成主要由很多基本微粒组成的团聚体在过滤元件表面不断地沉积累积而形成[3-5],并且团聚体累积形成的机理主要是由于在高温烟气中基本粒子的凝并及各种力产生的力链桥等作用下形成很多粘接桥[6-8],这些粘接桥将基本颗粒紧紧地团聚在一起形成很多团聚体,凝并主要包括热力凝并[6]、荷电凝并[9]、湍流凝并[10]和动力凝并[8],基本粒子间的力链桥主要是由超细纳米粒子与水分子之间的混合形成的[11,12]。根据 Xie 等的报道[13],粒径 $1\sim10\mu m$ 的微粒之间的粘接桥的强度约为 10^4 Pa,而大约 $100\mu m$ 的团聚体之间的粘接桥的强度只有约 52Pa,这些团聚体由于相互之间的作用力很微弱,而且这些团聚体的形成过程是在烟气中完成的,因此不能形成更大的团聚体,于是,团聚体在重力与静态范德华力的作用下逐渐在过滤元件表面形成逐渐增厚的累积层,即粉饼层。除尘过滤时,在 $2\sim5$ kPa 的普通过滤压力[14]的作用下,由于粘接桥的强度要远比过滤压力大,因而,过滤压力不会破坏超细微粒之间的粘接桥,而只会对团聚体造成一定的变形。由此,许多研究者应用团聚体理论来研究过滤时粉饼的特性[15,16]。

由于团聚体的存在,在过滤压力作用下压缩后的团聚体的体积变化将会导致一

定程度上的粉饼坍塌，并由此引起过滤压降发生变化。为了研究粉饼坍塌对粉尘过滤的影响，粉饼团聚体的分形维数与相邻团聚体之间中心距的变化应当首先考虑。最近，有很多研究者建立了不同的分形模型来研究粉饼过滤。例如，Lee 等[4] 提出了计算粉饼分形维数的方法，Park 等[3] 通过考虑团聚体的分形维数、相邻团聚体间中心距的变化以及团聚体的大小提出了一个粉饼坍塌模型来研究粉饼的渗透率。实际上，除了以上这些重要因素之外，每个团聚体周围相邻团聚体的配位数也是影响粉饼过滤的一个重要因素，因为不同的团聚体配位数（即一个团聚体周围相邻团聚体的数目）使得团聚体间孔隙的大小不一样，当粉饼发生坍塌时，团聚体间孔隙变化也不一样。许多研究者诸如 Suzuki 等[17]、Georgalli 等[18] 分别提出了估计配位数的方法，并且 Ridgway & Tarbuck[19]、Rumpf[20] 及 Shibata[21] 提出了更方便的配位数计算公式。

本章中，我们提出一个考虑分形维数、配位数、松弛因子及团聚体尺寸协同影响的粉饼坍塌模型来研究陶瓷过滤器除尘时的压降，并且设计了一个反演方法通过使用实测的粉饼孔隙率来精确估算松弛因子与配位数的值，另外，采用模型计算了粉饼坍塌之前与粉饼坍塌之后产生的压降，并与实验测试值相比较来观察两种情况下计算结果的逼近程度。

4.2 分形理论

4.2.1 分形的定义

"分形之父"美籍法国数学家 Mandelbrot 创造了"分形"这个名词，用来描述一组包含有许多自相似的个体的集合，并借助分形维数来进行定量描述[22,23]。分形是一种粗糙的或破碎的几何图形，它的组成部分可以被无限细分，而且它的局部的形状一般与整体相似[24]，即分形一般是自相似的和标度不变的。有许多数学结构是分形，例如：谢尔宾斯基三角形、科赫雪花曲线、皮亚诺曲线、曼德勃罗集、洛仑兹吸引子等。分形也能用来描述真实世界中的很多对象，如云彩、树枝、山脉、河流以及海岸线，也可以描述微观世界中的很多对象，如纤维、颗粒等，但这些几何特征不是单纯的分形几何。Mandelbrot 曾经为分形提出了一个数学定义：对于一个确定的几何对象，其 Hausdorff 维数[25] 将绝对大于相应的拓扑维数。这种概念让人一时间很难理解，并且这个定义并不令人满意，因为这个定义无法涵盖所有的分形几何。后来 Mandelbrot 又提出了一个通俗易懂的定义：局部与整体以某种形式表现出自相似。该定义使得很多人开始了解分形内涵，但仍不能清楚地表达出分形来涵盖所有的分形几何，让人无法完全理解透彻。实际上，到今天还没有为分形给出明确而又严格的定义。通常用下列判断标准来判断所研究对象是否是一个真正意义上的分形几何：

① 无论放大还是缩小局部，该结构都是一个具有精细结构的复杂几何；

② 不规则的破碎几何结构，并明显区别传统意义上的几何体，不能简单地用传统的三维结构来描述；

③ 具有比较明显的自相似性，它的要求略为宽松一些，既可以是近似的自相似特性，也可以是统计自相似性；

④ 实际上分形维数一定要比其拓扑维数大；

⑤ 定义方法简单，甚至可以用迭代方法来产生分形结构。

4.2.2 分形维数

分形维数与普通的维数不同，它不是一个直观的可以感观到的维数，在这个概念的基础上才有分形学的发展，Mandelbrot 从分形维数的概念出发创造了"分形"（fractal）理论。分形维数对于经典的维数观念是一种突破与挑战，因为它与传统的维数并不冲突，但我们依然无法像传统维数那样通过感观来理解。为了拓展关于维数的概念，而引进分形维数的概念。生活中的几何概念具有三个维：长、宽和高。而且我们知道：平面是二维的，直线是一维的，而点是零维的，因此我们能够想象具有类似维数的任何物体。但却很难想象除此之外的维数，因为分形维数与高维相对于经典理论是没有明确的概念的。1904 年瑞典数学家 Helge von Koch[26] 发表的一篇题为"从初等几何构造的一条没有切线的连续曲线"的论文，论文中提出了科赫分形曲线，科赫雪花（或科赫星）是由三条这种的科赫曲线围成的等边三角形。为了构造科赫曲线，首先给定一条直线，再在直线的正中间画一等边三角形，这样，直线就会略微复杂一点，接下来，按刚才的方法将每段直线细分下去，这样就可以得到 Koch 曲线。此时，该直线趋近于一平面，因为此时它有一个所谓的"高度"，实际上这不是一个真正意义上的平面，也不是一维直线，它的维数比一维要高，却比二维要低，只有 1.2618，即科赫曲线分形维数。

分形维数反映了事物的结构特征，若用于自相似的破碎几何组成高级几何体的数目作为标度律 X，并用尺度 r 测量几何集的大小，则标度律可以表示为：

$$X(r) \propto r^{D_t - D_f} \tag{4-1}$$

式中　D_t——拓扑维数；

　　　　D_f——分形维数。

4.3　团聚体挤压坍塌模型

具有自相似性的团聚体可以假设具有单分形维数 D_f 的特征。组成粒径为 d_{aggr} 的团聚体的基本粒子数目（N_p）与分形维数密切相关，其表达式为[3,5,11]：

$$N_p = PK(\frac{d_{aggr}}{d_p})^{D_f} \tag{4-2}$$

式中 d_p——炭黑颗粒实测等效平均粒径，可视为团聚体的基本颗粒；

d_{aggr}——团聚体粒径；

PK——填充系数；

D_f——分形维数。

考虑到计盒数分形维数方法在自相似球形体上的应用，可以根据前人的研究[16]假设PK=0.25。团聚体颗粒的粒径可以通过统计不同放大倍数的场发射扫描电镜照片获得。基本粒子的粒径可以通过拟合炭黑粒子分布并且计算平均中位径来获得。

$$\lg\{\ln[1/(1-G)]\} = \lg(1/\overline{d}_p^n) + n\lg d_p \tag{4-3}$$

式中 n——分布指数；

d_p——当 $G=63.2\%$ 时的筛下质量平均粒径。

本研究中以筛下质量平均粒径代替随机粒径来研究粉饼坍塌的影响。

如果每个团聚体粒子都由均匀分布的基本粒子组成，则团聚体的内部孔隙率 φ_{intra} 可由式（4-2）推导得出：

$$\varphi_{intra} = 1 - PK(\frac{d_{aggr}}{d_p})^{D_f-3} \tag{4-4}$$

如果团聚体具有分形特征，φ_{intra} 为团聚体粒径的函数，并且 $D_f<3$。否则，φ_{intra} 为常数（$\varphi_{intra}=0.75$）。

当大量的团聚体沉积在陶瓷过滤器的表面，并形成一个滤饼层，由于团聚体之间的空隙有较大占空比，并对滤饼的坍塌有较大的影响，由此形成的孔隙率也应当考虑。采用一个周围被 n 个团聚体包围的团聚体作为团聚体之间空隙率变化的研究对象（n 为配位数，即与基本团聚体相接触的团聚体数）。如果考虑滤饼坍塌，则一个团聚体的配位数 n 与松弛因子（粉饼坍塌后两相邻团聚体之间的距离除以粉饼坍塌前两相邻团聚体之间的距离）在决定团聚体之间孔隙时起到了非常关键的作用。

配位数主要取决于相邻团聚体的排列。许多研究者如 Ridgway & Tarbuck[19]、Rumpf[20] 和 Shibata[21] 等为计算配位数提供了不同的表达式：

Ridgway & Tarbuck： $\varphi_{inter,init} = 1.072 - 0.1193n + 0.0043n^2 \tag{4-5}$

Rumpf： $n = \dfrac{\pi}{\varphi_{inter,init}} \tag{4-6}$

Shibata： $n = 20.01(1 - \varphi_{inter,init})^{1.741} \tag{4-7}$

式中 $\varphi_{inter,init}$——粉饼坍塌前团聚体间的孔隙率。

这些研究者的假设表明，大多数最为常见的配位数是 6、8、12[27]。实际上，真实配位数必须由上述方程估计团聚体间孔隙率来获得。粉饼坍塌之前，假设每个团聚体与周围相邻的团聚体以无压缩的形式相接触，这是由于在无压力存在的情况形成的滤饼在一定程度上要比被压实后的滤饼松散一些。同时假设具有不同配位数的粉饼微单元初始具体有六面体（$n=6$）或八面体（$n=8$）或十二面体（$n=12$）的填充点阵结构。这样，六面体、八面体和十二面体的填充结构的粉饼的初始团聚体间孔隙率分别为 0.4764、0.3954 和 0.2595。采用这样的结构，每个团聚体就会与 n 个相邻的团聚体相接触。如果考虑一个单元的栅格结构作为一个表征单元体（REV），则团聚体间的孔隙率 φ_{inter} 可由下式进行计算[3]：

$$\varphi_{inter} = 1 - \frac{V_{aggr}}{V_{rev}} \tag{4-8}$$

式中　V_{rev}——一个表征单元体的体积；

　　　V_{aggr}——与一个团聚体的表观直径相同的球体的体积。

如果不考虑粉饼坍塌的影响，团聚体间的孔隙率 φ_{inter} 的值等于理想球形团聚体的初始直径。然而由于粉饼坍塌使得松弛因子 d_{rel} 的值不断减少，最终使得 φ_{inter} 的真实值要比初始值少。

考虑到粉饼坍塌对 φ_{inter} 值的影响，假设在过滤压降的作用下团聚体之间会发生弹性变形，两相邻的球形团聚体之间的中心距不断变小，团聚体间的接触点逐渐发展为不断增大的接触面（图 4-1）。并且假设 n 个相邻的球形团聚体均一地分布在该团聚体的周围，由于弹性变形引起的位移相等。粉饼坍塌之前，中心距为两相邻团聚体的半径之和，即 d_{aggr}。由此可得，粉饼坍塌之后的中心距为 $d_{rel}d_{aggr}$。由于在一个基本团聚体与一个相邻的团聚体之间产生了重叠体积 $V_{overlap}$，在团聚体相互贯穿的过程中弹性阻力使得位移的变化率逐渐减小，直到位移不再变化为止。

如果松弛因子继续不断地减少，两相邻的重叠体积又会产生重叠部分，将该重叠部分称为超重叠体积，记为 $V''_{overlap}$。当超重叠体积出现后，如果继续只考虑重叠体积来修正 φ_{inter} 值同样也会产生失真［图 4-1（d）］。通过定义两个阈值来界定 φ_{inter} 值的修正式，当超重叠体积出现时，令 d_{rel} 等于阈值 d_{th1}，当团聚的球形表面完全被重叠体积的切割面代替时，令 d_{rel} 等于阈值 d_{th2}。由于重叠体积使得 V_{aggr} 不断减少，φ_{inter} 的值可以根据被压缩团聚体体积来进行修正：

$$\varphi_{inter} = 1 - \frac{V_{aggr} - nV_{overlap}}{V_{rev}} \quad (d_{th1} \leqslant d_{rel} < 1) \tag{4-9}$$

由于在式（4-9）中非零的 $V''_{overlap}$ 被作为重叠体积的一部分多减了一次，φ_{inter} 的表达式在 $d_{th2} < d_{rel} < d_{th1}$ 时的修正式为：

$$\varphi_{inter} = 1 - \frac{V_{aggr} - nV_{overlap} + mV''_{overlap}}{V_{rev}} \quad (d_{th2} < d_{rel} < d_{th1}) \tag{4-10}$$

式中　m——$V''_{overlap}$ 数目。

对于不同的晶格填充结构的相关参数如表 4-1 所示。

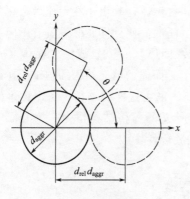

(a) 未考虑粉饼坍塌

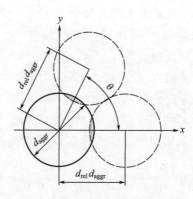

(b) 考虑坍塌重叠体积

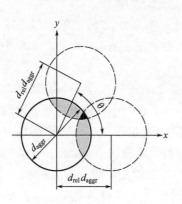

(c) 考虑坍塌重叠体积并加上
多减了的超重叠体积

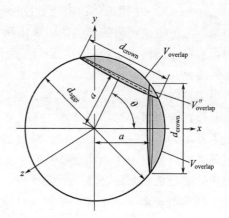

(d) 重叠区域几何形式

图 4-1　相邻团聚体示意图

表 4-1　不同的晶格填充结构的相关参数

n_i	d_{th1}	d_{th2}	m_i	θ_i
6	0.707	0.577	12	90°
8	0.817	0.577	12	70.5°
12	0.852	0.795	30	63.5°

对于这些多面体晶格结构，每个团聚体都有 n 个等体积的重叠部分。根据
Park 等[3]所提出的假设，这些炭黑基本粒子可以认为是无压缩的颗粒，团聚体受
压时体积减小（图 4-2）。团聚体的表面由重叠体积的切割面与切割剩下的球形破
面组成，也就是说，当有粉饼坍塌出现时团聚体的表面已经不再是一个完整的球面
了，随着 d_{rel} 的减少重叠体积逐渐增加。对于一个团聚体中重叠的球冠的体积 ［图
4-1（d）］ 表达式为：

$$V_{overlap} = \frac{\pi d_{aggr}^3}{24}(d_{rel}^3 - 3d_{rel} + 2) \tag{4-11}$$

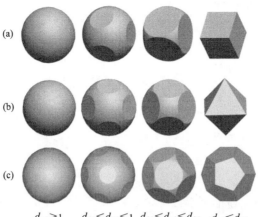

$$d_{rel} \geqslant 1 \qquad d_{th1} \leqslant d_{rel} \leqslant 1 \qquad d_{th2} \leqslant d_{rel} \leqslant d_{th1} \qquad d_{rel} \leqslant d_{th2}$$

图 4-2　粉饼坍塌过程中具有多面体晶格结构的团聚体表面形态

(a) 六面体；(b) 八面体；(c) 十二面体

为了计算 $V''_{overlap}$，必须充分考虑配位数对配位角的影响。由此对于 $d_{th1} < d_{rel} < d_{th1}$ 的情况，$V''_{overlap}$ 可由修正式进行计算：

$$V''_{overlap} = \int_a^b \int_{f(x)}^{\sqrt{r^2-x^2}} 2\sqrt{r^2-x^2-y^2}\, dy\, dx \tag{4-12}$$

式中　r——团聚体的半径，即 $r = d_{aggr}/2$；

　　　a——重叠体切割面与团聚体中心的距离，即 $a = d_{rel}d_{aggr}/2$。

$$b\,|_{n=6} = \sqrt{r^2-a^2}\,, \quad f(x)\,|_{n=6} = \frac{d_{rel}d_{aggr}}{2}$$

$$b\,|_{n=8} = 3.34\times10^{-1}a + 8.89\times10^{-4}\sqrt{1.13\times10^6(r^2-a^2)}\,,$$
$$f(x)\,|_{n=8} = -0.354x + 1.061a$$

$$b\,|_{n=12} = 4.46\times10^{-1}a + 1.60\times10^{-4}\sqrt{3.12\times10^7(r^2-a^2)}\,,$$
$$f(x)\,|_{n=12} = -0.499x + 1.117a$$

而且，根据不同的多面体晶格结构，V_{rev} 的值也不一样：

$$V_{rev}\,|_{n=6} = 8a^3, \; V_{rev}\,|_{n=8} = 6.93a^3, \; V_{rev}\,|_{n=12} = 5.55a^3 \tag{4-13}$$

结合式（4-9）～式（4-12）可以计算出 φ_{inter} 的值。因为粉饼坍塌改变了一个单元中团聚体的体积，式（4-4）也必须根据 V_{aggr} 的变动进行修正，修正表达式如下：

$$\varphi_{intra}^{real} = \varphi_{intra}(1-\varphi_{inter})\frac{V_{rev}}{V_{aggr}} \tag{4-14}$$

应用 φ_{inter} 和 φ_{intra}^{real} 的计算结果，粉饼的孔隙率 φ_{cake} 可由下式计算[3,28]：

$$\varphi_{cake} = 1 - (1-\varphi_{intra}^{real})(1-\varphi_{inter}) \tag{4-15}$$

基于以上研究，一般的粉饼过滤理论可用来描述经过陶瓷过滤器整体压降 Δp_{total} 的特征[29,30]：

$$\Delta p_{total} = \Delta p_{filter} + \Delta p_{cake} \tag{4-16}$$

式中　　Δp_{filter}——洁净陶瓷过滤器的压降；

　　　　Δp_{cake}——滤饼层产生的压降。

对于已知的过滤器的孔隙率和粉饼的总孔隙率，这两部分的分压降可分别由 Ergun 方程计算得到[31]：

$$\Delta p_{\text{filter}} = \delta_{\text{filter}} \left[\frac{150\mu}{\bar{a}_c^2} \frac{(1-\varphi_{\text{filter}})^2}{\varphi_{\text{filter}}^3} u_f + \frac{1.75\rho}{\bar{a}_c} \frac{(1-\varphi_{\text{filter}})}{\varphi_{\text{filter}}^3} u_f^2 \right]$$

$$\Delta p_{\text{cake}} = \delta_{\text{cake}} \left[\frac{150\mu}{\bar{d}_p^2} \frac{(1-\varphi_{\text{cake}})^2}{\varphi_{\text{cake}}^3} u_f + \frac{1.75\rho}{\bar{d}_p} \frac{(1-\varphi_{\text{cake}})}{\varphi_{\text{cake}}^3} u_f^2 \right]$$

式中　　δ_{filter}——陶瓷过滤器的过滤厚度；

　　　　δ_{cake}——炭黑粉饼的平均厚度；

　　　　$\bar{a}_c$——陶瓷滤料的等效平均粒径；

　　　　φ_{filter}——陶瓷过滤器的孔隙率；

　　　　φ_{cake}——炭黑粉饼的孔隙率；

　　　　ρ——流体密度；

　　　　μ——流体动力黏度；

　　　　u_f——表观流体速度。

虽然许多研究者已经报道过，如果将过滤表面划分成具有相同大小的网格块，不同的单元块中有不同的局部厚度和不同的孔隙率[30,32]，在本研究中还是采用均一的粉饼厚度与均一的孔隙率的假设来简化计算。

4.4　团聚体坍塌实验研究方法

4.4.1　材料

粉饼的基本粒子为炭黑颗粒，沉积在厚度约为 15mm、型号为 TCP-LG100 的多孔陶瓷过滤器上（中国江西全兴化工填料有限公司生产）。基本粒子的粒径分布由 BT-9300H 激光粒度分析仪（丹东市百特仪器有限公司）测试，所得结果的质量平均粒径（MMD）作为基本粒子的粒径。同时，团聚体的粒径分布由 FE-SEM 电镜照片进行统计得出，采用 8 张 FE-SEM 电镜照片中的 400 个团聚体样本进行累积筛下粒子分布的统计，所得结果的 MMD 作为团聚体的粒径。其中，基本粒子与团聚体的分布均用 Matlab 软件进行 Rosin-Rammler 对数拟合，拟合曲线见图 4-3。

通过所得拟合方程的截距与斜率分别计算出基本粒子与团聚体的 MMD 和分布指数。基本粒子与团聚体的 Rosin-Rammler 对数拟合方程分别为：

基本粒子：
$$\lg\left[\ln\left(\frac{1}{1-G_p}\right)\right]=\lg(1/\overline{d}_p^{\,n_p})+n_p\lg d_p \qquad (4\text{-}17)$$

团聚体：
$$\lg\left[\ln\left(\frac{1}{1-G_a}\right)\right]=\lg(1/\overline{d}_{aggr}^{\,n_a})+n_a\lg d_{aggr} \qquad (4\text{-}18)$$

式中 G_p——基本粒子的筛下质量累积分布百分数；

$\qquad G_a$——团聚体的筛下质量累积分布百分数；

$\qquad d_p$——基本粒子的筛下粒径；

$\qquad d_{aggr}$——团聚体的筛下粒径；

$\qquad \overline{d}_p$——当 $G_p=63.2\%$ 时基本粒子的 MMD；

$\qquad \overline{d}_{aggr}$——当 $G_a=63.2\%$ 时团聚体的 MMD；

$\qquad n_p$——基本粒子分布指数；

$\qquad n_a$——团聚体分布指数。

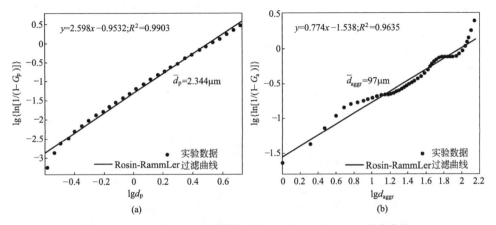

图 4-3 基本粒子（a）和团聚体（b）的 Rosin-Rammer 拟合曲线

图 4-3 显示了基本粒子和团聚体粒径分布情况。通过对拟合的数值分析，得到基本粒子粒径分布的拟合曲线的拟合方程为：

$$y=2.598x-0.9532 \qquad (4\text{-}19)$$

式中，$R^2=0.9903$。通过计算所得相应的参数值为：$n_p=2.598$，$\overline{d}_p=2.344\mu m$。

通过对拟合的数值分析，团聚体粒径分布的拟合曲线的拟合方程为：

$$y=0.774x-1.538 \qquad (4\text{-}20)$$

式中，$R^2=0.9635$。通过计算所得相应的参数值为：$n_a=0.774$，$\overline{d}_{aggr}=97\mu m$。

4.4.2 抽滤实验

为了测量团聚体之间的松弛因子，采用一个 2XZ-1 型真空泵（中国黄岩求精真空泵有限公司）来产生一个气流通过填充了松散密度的炭黑颗粒的抽滤漏斗，系统的真空度可由一个 Z-100 真空压力计（上海经纬自动控制有限公司）测量。同时，粉饼厚度的变动可由一个 LK-081/2011/C2 激光位移传感器（日本大阪基恩士公司）测量。松弛因子与配位数可以式（4-15）反向推导得到。而且，φ_{inter} 也可以由式（4-9）与式（4-10）通过反向推导的方法得到。由此，配位数可由式（4-5）～式（4-7）估计得出。

抽滤装置示意图如图 4-4 所示。一个圆柱状的多孔陶瓷砖（PCB）固定在一个抽滤漏斗（SFN）内，并且由 PCB 隔开出来的漏斗上部空间有一个给定的高度值。准备了 5 种规格的这种漏斗，这样就可以有 5 个不同的上部高度值（5mm、8mm、10mm、12mm 和 15mm），以便开展具有不同粉饼厚度的坍塌实验。实验时，通过一个密封橡皮塞将 SFN 安装在一个抽滤瓶（SFK）上。实验前，SFN 的上部空间装填满炭黑粉尘，然后用一个锬平器将上平面锬平到与漏斗的上沿相平齐，使之形成平整的具有松散密度的炭黑粉饼（CBC）。抽滤气流主要由一个 2XZ-1 真空泵（VP）产生并由一个流量调节阀（VD）来调节流量的大小。抽滤时真空度由一个 Z-100 真空压力计来测量，粉饼厚度值的变化由一个 LK-081/2011/C2 激光位移传感器（LDS）测量。

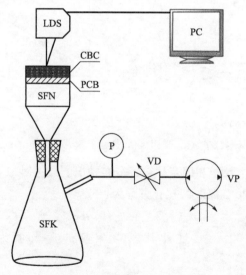

图 4-4　抽滤装置示意图

VP—真空泵；VD—流量调节阀；P—真空压力计；SFK—抽滤瓶；SFN—抽滤漏斗；
PCB—多孔陶瓷砖；CBC—炭黑粉饼；LDS—激光位移传感器；PC—数据显示器

该实验的步骤如下：首先，根据《煤矿粉尘真密度测试方法》（MT/T 713—1997）测定出炭黑粉尘的真密度；然后，测量出等质量粉饼实验前后上部空间的粉饼厚度（实验后即过滤后粉饼完全坍塌至压降变为一个常数），从而可以根据该厚度及抽滤漏斗的直径来计算粉饼的体积以及体积的变化；接下来测定出该粉饼的质量（即抽滤漏斗前后质量之差），再利用所得到的初始与最终状态的质量与体积计算出抽滤前后的粉饼的表观密度，然后再将表观密度与所测得的真密度相比较，从而可以得到粉饼过滤前后的孔隙率。该孔隙率可以用作将来反推计算的输入；同时，用真空表读取过滤前后的真空度，从而可以计算出抽滤系统的压降；最后，将相应的粉饼进行取样，用 JSM-6700F 拍摄场发射电镜（FE-SEM）（日本电子光学研究所）照片来调查过滤坍塌后的粉饼分形维数。

4.4.3 陶瓷过滤器实验

为了测量过滤器的压降，采用 YXIA-90 引风机（中国长沙岳麓环保设备厂）产生气流通过陶瓷过滤器，系统压降可由一个 SYT-2000V 数字压力计（中国上海贵谷仪器有限公司）测量，同时，粉饼厚度的变动可由一个 LK-081/2011/C2 激光位移传感器（日本大阪基恩士公司）测量。

陶瓷过滤器实验装置如图 4-5 所示。这个装置由过滤系统与测试系统组成。多孔陶瓷过滤器（PCF）是一个由上部为圆筒与下部为锥斗组成的直径为 2m、高为3.2m 的装置，其中有两个光学透视窗口开在侧壁上，以方便使用位移传感器测量厚度。其中有 91 根 TCP-LG100 多孔陶瓷过滤管（江西全兴化学填料有限公司）均匀地分布在除尘器的花板上。过滤风量主要由一个 YXIA-90 引风机（EF）产生并由一个流量调节阀（VD）来调节流量的大小。在陶瓷过滤器的入口处，一个螺旋发尘器（DG）产生了一个连续的颗粒流，并随着空气一起进入陶瓷过滤器。测试系统包括厚度测试与压降测试。

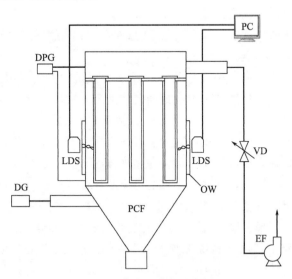

图 4-5　陶瓷过滤器示意图

DG—发尘器；PCF—多孔陶瓷过滤器；VD—流量调节阀；EF—引风机；OW—光学窗口；

DPG—差分压力计；LDS—激光位移传感器；PC—数据显示器

过滤前，采用 LK-081/2011/C2 位移传感器（LDS）校验洁净陶瓷管的表面作为零厚度基准值，同时采用一个 SYT-2000V 差分压力计（DPG）（上海贵谷仪器仪表有限公司）测量出洁净陶瓷管的初始压降。过滤使得粉饼坍塌后，再次用 LDS 和 DPG 测量出厚度与压降。这样，测量了过滤前与粉饼完全坍塌后的粉饼厚度与压降。由此，可通过上述方法得到的 Δp_{total} 和 Δp_{filter} 来计算粉饼的压降为 $\Delta p_{\text{cake}} = \Delta p_{\text{total}} - \Delta p_{\text{filter}}$。测量值每 30min 读取一次，在每次测量的间隙取样一次。取不同压降条件下的粉饼样本来拍摄 FE-SEM 照片。为了计算粉饼的测试孔隙率，必须首先用适合的阈值把 FE-SEM 电镜照片转化为黑白二值图，该阈值主要由 Helland 等报道的直方图方法来获得[33]，这样，就可以采用图像像素中的白色像素的百分率来计算粉饼的测量二维孔隙率，然后，再用 Helland 等报道的将二维孔隙率转化为三维孔隙率的方法[33]来得到比较真实的粉饼三维孔隙率：

$$\varphi_{\text{cake},3d} = 1 - \frac{2}{3}(1 - \varphi_{\text{cake},2d}) \qquad (4\text{-}21)$$

式中　$\varphi_{\text{cake},3d}$——粉饼三维孔隙率；

　　　$\varphi_{\text{cake},2d}$——粉饼二维孔隙率。

在以下讨论中，$\varphi_{\text{cake},3d}$ 可作为将来的反演计算的输入（即 $\varphi_{\text{cake,test}}$）。同时，用同样方法拍摄的团聚体 FE-SEM 电镜照片也可以用来计算分形维数，计算方法见下面的介绍。

4.4.4　分形维数的估计

分形维数是使用计盒维数法（Box-counting）[34]由分形电镜照片网格点的拟合对数值来进行估计的，这些电镜照片由 JSM-6700F 冷场发射扫描电镜（日本电子光学实验仪器公司）拍摄。

图 4-6（a）显示了由各种尺寸的基本粒子组成的团聚体（约 $100\mu m$）构成的粉饼。而且由许多基本炭黑粒子组成的团聚体呈现不规则边缘，其形状近似表现为表面粗糙的球形或椭球形。基本炭黑粒子的微观形态如图 4-6（b）所示。很显然基本粒子通常呈现出无规则的块状，大多数团聚体内部基本粒子之间的孔隙都可以观察到，并且不规则自相似颗粒结构使得团聚体内孔隙率适合于建立分形模型。为了获得团聚体的分形维数，这些灰度值的电镜照片都要根据一个合适的阈值转化为黑白二值图，以便在采用计盒维数法时便于统计每个盒子中的 0（白）和 1（黑）的出现频度。例如，现在以阈值 0.43（通过将各种阈值的黑白二值图计算出的孔隙率与实测相对照，找出与孔隙率值相匹配的黑白二值图的阈值）将图 4-6（b）的灰度值的电镜图转化为了图 4-6（c）的黑白二值图。由此可以采用计盒维数法根据对数值的拟合值统计出分形维数的值。

计盒维数法计算分形维数的步骤如下：首先以合适的孔隙率阈值将灰度图转化为黑白二值图。当从抽滤系统获得样品时，用真密度与表观密度得出的实测孔隙率

图 4-6 团聚体的微观形态（a）、基本粒子的微观形态
（b）、基本粒子的黑白二值图（c）和计盒数分形维数分析结果（d）

作为阈值；当从陶瓷过滤系统获得样品时，以直方图计算方法获得阈值。阈值是通过将电镜图中的 1 值的栅格点的百分数（由 Matlab 软件进行统计）与实验所得孔隙率（由实测的粉尘的真密度与堆密度的比值评估所得）相比较来得到的。接下来，将像素值为 $M \times M$ 的电镜照片划分成一系列尺寸为 $L \times L$ 的小格，然后，将分形标尺定义为 $r = L/M$，将一个小格中的 1（黑）值像素点的数目定义为 w。这样，在每一个栅格单元中就会有一系列的尺寸大小为 $L \times L \times w$ 的盒子。如果图像中的 1（黑）值像素点的总数为 G，从而就会有这样一个等式存在：$w = GL/M$。假如这些盒子中最为密集的 1（黑）值像素点的数目为 s 并在 i 栅格单元，最为稀疏的 1（黑）值像素点的数目分别为 l 并在 j 栅格单元，则覆盖一个栅格单元所需要盒子数为：

$$n_r(i,j) = l - s + 1 \tag{4-22}$$

这样覆盖整个电镜照片所需盒子总数为：

$$N_r = \sum_{i,j} n_r(i,j) \tag{4-23}$$

从而，团聚体的分形维数可由下式进行估计：

$$D_f = \lim \frac{\lg(N_r)}{\lg(1/r)} \qquad (4\text{-}24)$$

通过随机分配一组 L 值来计算 N_r 的值，分形维数可以通过线性拟合 $\lg(N_r)$ 与 $\lg(1/r)$ 对数组。如图 4-6 (b)、图 4-6 (c) 所示，具有不同的大小和形状的孔分布在一个切面上，自相似特征以不同的倍数显现出来。同时，这也呈现出粒子尺寸分布的自相似特征。图 4-6 (d) 是计盒维数法分析了至少 20 张以上的黑白二值化电镜图。函数随自变量的变化符合 $N_r \propto r^{D_f}$ 指数规律，而且有两个微小的转折交叉点在约 $17\mu m$ 和 $65\mu m$ 的位置（如图中箭头所示），由拟合计算所得的分形维数为 1.710。

4.4.5 团聚体尺寸

粉饼中团聚体的粒径分布可由不同倍率的冷场发射扫描电镜照片使用 ISA3D 软件（三维图像结构分析软件）进行统计分析。所得分布曲线中高频出现的团聚体粒径值可以用来作为团聚体的表观粒径。

4.4.6 松弛因子与配位数的反演推导

由于松弛因子与配位数难以通过实验直接得到，于是设计了一种新颖的反演方法来得到它们。为了得到反演输入 $\varphi_{inter,test}$ 的值，必须首先通过实验测定粉饼真密度与堆密度的值。因此，$\varphi_{inter,test}$ 的值可以通过以下公式进行计算：

$$\varphi_{inter,test} = 1 - \frac{\rho_{bulk}}{\rho_{true}} \qquad (4\text{-}25)$$

式中　ρ_{bulk}——粉饼的表观密度，kg/m^3；

　　　ρ_{true}——粉饼的真密度，kg/m^3。

接下来采用所得的 $\varphi_{inter,test}$ 的值作为反演输入，进行反推计算。具体的反演详细步骤如下：

① 首先，假设一系列的 d_{rel} 值和 D_f 值，用来根据式（4-7）～式（4-15）计算当 $n=6,8,12$ 时粉饼孔隙率 φ_{cake} 和团聚体之间的孔隙率 φ_{inter} 的值。

② 然后，构造出当 $n=6,8,12$ 时以 d_{rel} 值和 D_f 值为自变量的 $\varphi_{cake}\text{-}d_{rel}\text{-}D_f$ 对照表（见附表 1～附表 3）和 $\varphi_{inter}\text{-}d_{rel}$ 对照表（见附表 4～附表 6）。

③ 再次，用实验所得的 $\varphi_{cake,test}$ 值与 D_f 值在上述 $\varphi_{cake}\text{-}d_{rel}\text{-}D_f$ 对照表中进行检索，找出与之相对应的 d_{rel} 值。

④ 接下来，用上步所得的 d_{rel} 值在 $\varphi_{inter}\text{-}d_{rel}$ 对照表进行检索，找出与之相对应的 φ_{inter} 值。

⑤ 由于 Ridgway & Tarbuck[19]、Rumpf[20] 和 Shibata[21] 等所报道的配位数计算公式是基于无坍塌团聚体间孔隙率 $\varphi_{inter,init}$ 值的基础上的，而 φ_{inter} 值是坍塌后团聚体间孔隙率，因此还不能作为计算真实配位数的输入值，因此要将 φ_{inter} 值还

原成 $\varphi_{\text{inter,init}}$ 值才能计算出真实的配位数，根据含有一个团聚体的 REV 体积的变化来考虑，可以建立如下表达式：

$$V_{\text{rev}} = d_{\text{rel}}^3 V_{\text{rev,init}} \qquad (4\text{-}26)$$

式中　$V_{\text{rev,init}}$——坍塌前一个 REV 的初始体积。

而且式（4-8）可以变形为：

$$V_{\text{rev,init}} = \frac{V_{\text{aggr}}}{1 - \varphi_{\text{inter,init}}} \qquad (4\text{-}27)$$

于是可以将式（4-9）～式（4-10）变形，$\varphi_{\text{inter,init}}$ 的值可以表示为 φ_{inter} 值的函数形式：

$$\varphi_{\text{inter,init}} = 1 - \frac{d_{\text{rel}}^3 V_{\text{aggr}}(1 - \varphi_{\text{inter}})}{V_{\text{aggr}} - nV_{\text{overlap}}} \qquad (d_{\text{th1}} \leqslant d_{\text{rel}} < 1) \qquad (4\text{-}28)$$

$$\varphi_{\text{inter,init}} = 1 - \frac{d_{\text{rel}}^3 V_{\text{aggr}}(1 - \varphi_{\text{inter}})}{V_{\text{aggr}} - nV_{\text{overlap}} + mV''_{\text{overlap}}} \qquad (d_{\text{th2}} < d_{\text{rel}} < d_{\text{th1}}) \qquad (4\text{-}29)$$

由上述表达式反演所得的 $\varphi_{\text{inter,init}}$ 值如附表 7 所示。

⑥ 最后，采用 Ridgway & Tarbuck[19]、Rumpf[20] 和 Shibata 等[21] 提供的经验公式建立起 n 关于 $\varphi_{\text{inter,init}}$ 的函数（图 4-7）。很显然，在 $\varphi_{\text{inter,init}}$ 为 0.2～0.5 的范围内用这三种研究方法进行计算的 n 值基本一致，因此可以用初始配位数假设 6、8、12 与 $\varphi_{\text{inter,init}}$ 值来获得配位数计算值（见附表 8）。

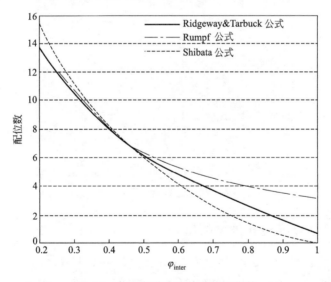

图 4-7　使用各种公式估计的配位数

⑦ 通过将配位数计算值与原始值（$n = 6$，8，12）相比较，选择具有最小误差的配位数值作为计算模型中配位数的真实值。结果表明，当采用炭黑作为粉饼的基础材料时，所得最为合理的配位数值为 $n = 12$。因此，用配位数 12 及相应松弛因子来作为模型计算的变量，所得相应的松弛因子见表 4-2。

表 4-2　当 $n=12$ 时相应的松弛因子

$\varphi_{cake,test}$	0.718	0.868	0.774	0.753	0.747	0.776	0.721
D_f	1.74	1.64	1.88	1.83	1.91	1.87	1.93
d_{rel}	0.809	0.875	0.835	0.824	0.834	0.831	0.823

4.5　团聚体坍塌研究结果分析

4.5.1　团聚体存在性验证

为了验证团聚体的存在性，观察了实验前后的 FE-SEM 电镜照片 [图 4-6（a）与图 4-8]，通过比较发现，在粉饼坍塌前后均能观测到团聚体的存在，并且在这两种情况下的团聚体粒径大小相当，都在约 $100\mu m$，即粉饼坍塌后的团聚体粒径与坍塌前的粒径相当，这一发现表明，基本粒子间的连接桥不容易被过滤压力所破坏，由于这些连接桥的存在使得过滤后团聚体依然保持完好。

图 4-8　陶瓷过滤实验后团聚体的微观特征

4.5.2　团聚体尺度对孔隙率的影响

图 4-9 显示了当 $n=12$ 和既定的分形维数（$D_f=1.71$ 和 2.44）时的 φ_{cake}-d_{aggr} 关系曲线。很显然，当团聚体的粒径约大于 $50\mu m$ 时，φ_{cake} 随着 d_{aggr} 的增大快速增长，反之，当团聚体的粒径约小于 $50\mu m$ 时，φ_{cake} 的值趋于一个常数值。实际上，φ_{cake} 的值并不真正是一个常数值，尤其对于较大的分形维数（例如 $D_f=2.44$ 时）而言，d_{aggr} 的变化对 φ_{cake} 值的影响更加小，从图中观察可知，当分形维数处于较大的值（$D_f=2.44$ 时）且团聚体的粒径约大于 $50\mu m$ 时，φ_{cake} 随着 d_{aggr} 的增

大略有轻微的增长，然而这些改变对 φ_{cake} 的变化影响很小，因此分形维数在较大变量范围内可以将 φ_{cake} 的值视为一个常数值。由于炭黑粒子组成的团聚体的粒径平均中位径为 $97\mu m$，其尺寸大于 $50\mu m$，从而，在本模型计算过程中，可以将团聚体的粒径变化的影响忽略掉，只考虑松弛因子、分形维数以及配位数对压降的影响，由此来简化模型的计算。

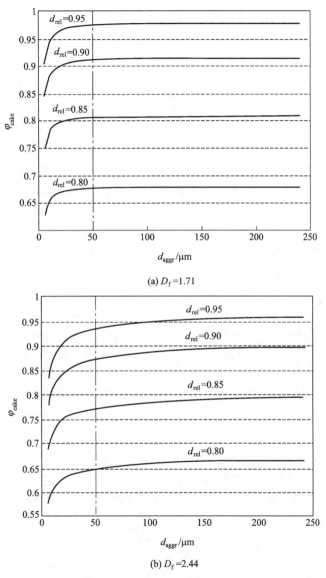

(a) $D_f=1.71$

(b) $D_f=2.44$

图 4-9　当 $n=12$ 和 $D_f=1.71$、$D_f=2.44$ 时在不同的
d_{rel} 值条件下以 d_{aggr} 为自变量的粉饼孔隙率

4.5.3 团聚体松弛因子与配位数预测

图 4-7 显示了由前人[19-21]建立的 n-φ 关系曲线。图中表明当团聚体间的孔隙率在 $0.2 \sim 0.5$ 的范围内变动时由三种方法计算的值基本一致。由于 n 与 d_{rel} 很难由实验的方法得到,于是设计了一套反演方法通过初始估计的 $\varphi_{inter,init}$ 来估计 n 的值。关于 $\varphi_{inter,init}$ 的预测方法,可以通过测定粉饼的测试孔隙率 $\varphi_{cake,test}$ 与分形维数 D_f 的值来推导决定 d_{rel} 值,这是因为 $\varphi_{inter,init}$ 主要受 d_{rel} 的影响。首先,假设一系列的 d_{rel} 值和 D_f 值来计算粉饼孔隙率 φ_{cake} 和团聚体之间的孔隙率 φ_{inter}。然后,分别以变量 d_{rel} 和 D_f 为自变量画出 φ_{cake}-D_f-d_{rel} 对照表及 φ_{inter}-d_{rel} 对照表。最后通过将实验所得的 D_f 和 $\varphi_{cake,test}$ 与上述的对应表(φ_{cake}-d_{rel}-D_f 表)中的 D_f 和 φ_{cake} 相匹配,从而找出相应的 d_{rel} 值。由此初估团聚体间孔隙率 φ_{inter} 可由该 d_{rel} 值从 Δp_{cake}-d_{rel} 对照表中获得。然后由此得出的 φ_{inter} 并不能用来计算团聚体的配位数 n,因为 φ_{inter} 的值为坍塌之后的团聚体间孔隙率,这与坍塌前团聚体间的孔隙率有明显的区别,因此想要得到 n 的值,就必须将所得到的 φ_{inter} 的值还原成坍塌前的 $\varphi_{inter,init}$ 值,通过考虑体积的变化得到了 φ_{inter} 与 $\varphi_{inter,init}$ 的关系,从而将团聚体间孔隙率 φ_{inter} 还原成坍塌前的孔隙率 $\varphi_{inter,init}$,从而,由图 4-7 很容易预测到 n 的值。

通过观测可知,团聚体的配位数 n 随着初估孔隙率 φ_{inter} 的增加而减少,并且每个团聚体的配位数的变化仍然不是很清楚。然而 Molerus[27] 推荐了一个团聚体周围相邻的团聚体的排列方式为 6 配位数、8 配位数与 12 配位数,因此这些 REV 特征单元结构分别为六面体、八面体和十二面体。通过上述反演过程,确定了已知粉饼材料配位数,为了进一步验证模型,采用配位数真实值、相应的松弛因子、计盒数法所得分形维数以及团聚体的尺寸来计算粉饼孔隙率,然后将它们与测量粉饼孔隙率相比较得到均方差(MSE)。表 4-3 显示了在各种配位数时由模型预测的孔隙率与实测值的比较。同时计算了各种相邻团聚体排列时的均方差(MSE)来评价上述计算值对实测值的逼近程度。结果表明,当 $n=6$ 时估计值的 MSE 平均值为 0.08757,当 $n=8$ 时估计值的 MSE 平均值为 0.07647,而当 $n=12$ 时估计值的 MSE 平均值为 0.00877,该值仅为 $n=6$ 时实测值的 10%,$n=8$ 时实测值的 11.5%。这意味着当采用 $\overline{d_p}=2.34\mu m$ 的炭黑粒子作为基本颗粒时,应用配位数 12 来预测孔隙率比其他两种配位数更为合理一些。

表 4-3 通过比较模型计算的粉饼孔隙率与实验值来预测团聚体的 d_{rel} 和 n 值

D_f	d_{rel}	$\varphi_{cake,model}$			$\varphi_{total,test}$	MSE		
		$n=6$	$n=8$	$n=12$		$n=6$	$n=8$	$n=12$
1.74	0.809	0.670	0.809	0.701	0.718	0.0339	0.0643	0.0120
1.64	0.875	0.951	0.937	0.874	0.868	0.0587	0.0488	0.0042
1.88	0.835	0.919	0.866	0.769	0.774	0.1025	0.0651	0.0035
1.83	0.824	0.894	0.848	0.742	0.753	0.0997	0.0672	0.0078
1.91	0.834	0.907	0.960	0.765	0.747	0.1131	0.1506	0.0127
1.87	0.831	0.901	0.849	0.757	0.776	0.0884	0.0516	0.0134
1.93	0.823	0.886	0.845	0.732	0.721	0.1167	0.0877	0.0078

4.5.4 松弛因子与分形维数对孔隙率的影响

采用从表 4-3 和图 4-9 中获得的参数，可以估计函数 φ_{inter} 和 φ_{intra}^{real} 在各种配位数条件下随 d_{rel} 和 D_f 值的变化情况。根据上述方法，当 $n=6$，8，12 时初始 φ_{inter} 的值分别为 0.4764、0.3954 和 0.2595。当采用一个适合的配位数时，在粉饼没有经历坍塌的情况下（$d_{rel}=1$），这些值对于团聚体之间的孔隙率是有效的。通过观察已获得的松弛因子 d_{rel} 的值，事实上粉饼内确实有坍塌现象存在，从而实际的 φ_{inter} 值比初始 φ_{inter} 值要小。

图 4-10 显示了在不同的配位数情况下，φ_{inter} 随 d_{rel} 的值的变化而变化。很显然，φ_{inter} 的值随着 d_{rel} 的值减小而减小，并且配位数越小，φ_{inter} 的值越大。当 d_{rel} 小于阈值 d_{th2} 时，团聚体的形状完全挤压成一个多面体的形状，并且 φ_{inter} 的值等于零。例如当 d_{rel} 的测量值为 0.875 时，对于配位数为 12 的 φ_{inter} 的值约为 0.05，相对于初始值 0.2595 减少了约 80.7%。

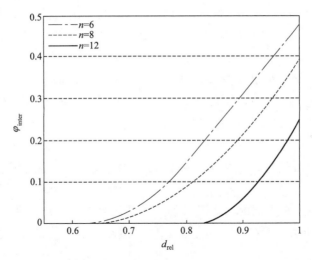

图 4-10　在各种配位数条件下以 d_{rel} 为自变量的 φ_{inter} 的计算值

通过分析式（4-14）发现，团聚体内修正孔隙率 φ_{intra}^{real} 的值主要受分形维数、团聚体直径和松弛因子的影响。根据式（4-4）～式（4-14）的计算以及 Park 等[3] 的研究表明，当团聚体直径大于 $50\,\mu m$ 时团聚体的尺寸对团聚体内修正孔隙率 φ_{intra}^{real} 值的影响较小。因此，当研究 φ_{intra}^{real} 值的变化时仅仅需要考虑分形维数和松弛因子即可。

图 4-11 显示了当 D_f 为 1.74 和 d_{aggr} 为 $97\,\mu m$ 时在各种配位数条件下，φ_{intra}^{real} 值随松弛因子 d_{rel} 的变化情况。结果表明，φ_{intra}^{real} 的值会随着松弛因子的减小而减小，并且配位数越小，φ_{intra}^{real} 的值越大。这意味着由于 REV 的体积减小引起的粉饼坍塌同样也会使得 φ_{intra}^{real} 的值减小［见式（4-13）］。在同样的条件下，当松弛因子的值

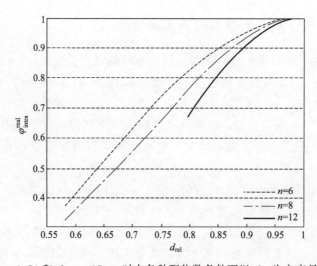

图 4-11 当 $D_f = 1.74$ 和 $d_{aggr} = 97\mu m$ 时在各种配位数条件下以 d_{rel} 为自变量的 φ_{intra}^{real} 估计值

从 1 减小到 0.809 时，对于不同的配位数 6、8、12，φ_{intra}^{real} 的值分别减少了 0.152、0.209 和 0.322，即这几种配位数情况下的减少分别约为 15%、21% 和 32%。这一发现意味着配位数越多，越容易受粉饼坍塌的影响。

通过比较团聚体间孔隙率 φ_{inter} 和团聚体内修正孔隙率 φ_{intra}^{real} 对粉饼总孔隙率 φ_{cake} 的贡献发现，φ_{intra}^{real} 相对而言更重要一些，因为其孔隙率的值相对较大，并且当松弛因子减少时其减少量相对要小一些。而且，结合图 4-10 与图 4-11 可知，φ_{inter} 和 φ_{intra}^{real} 的值都会同时随着松弛因子的减小而减小。因此，粉饼总孔隙率 φ_{cake} 的值会随着松弛因子的减小剧烈地下降，这就是 φ_{cake} 在粉饼坍塌过程中减小的一个主要因素。

研究者计算了在不同的松弛因子条件下以分形维数为自变量的 φ_{intra}^{real} 函数（图 4-12）。计算结果表明在低分形维数范围内，团聚体的 φ_{intra}^{real} 值接近于一个常数，而当分形维数值较大时，团聚体的 φ_{intra}^{real} 值将随着分形维数的增大而急剧减小。正如上述分析结果，松弛因子对粉饼总孔隙率 φ_{cake} 的值的影响明显比分形维数的影响大。图 4-13 显示了当 $n = 12$ 时由 D_f 和 d_{rel} 构成的 φ_{cake} 的参数曲面（根据实验估计的配位数是 12）。结合这两个自变量的变化，在粉饼坍塌时 φ_{cake} 的减小主要由松弛因子的减小及分形维数的增大引起的。

图 4-14 显示了当 n 分别为 6 和 8 时由自变量 D_f 和 d_{rel} 组成的 φ_{cake} 的参数面。与 $n = 12$ 时的参数面一样，在粉饼坍塌过程中，φ_{cake} 的减小同样也是由松弛因子的减小与分形维数的增大引起的。由图可知当 $n = 6$ 时 φ_{cake} 略微比 $n = 8$ 时大一些，这是由于在配位数不同时，d_{rel} 产生的影响也不一样。

如表 4-4 所示，通过分别使用一个抽滤装置和一个陶瓷过滤器，用实验验证了该模型。当坍塌后的滤饼形成以后，根据其 FE-SEM 电镜照片测量了分形维数，

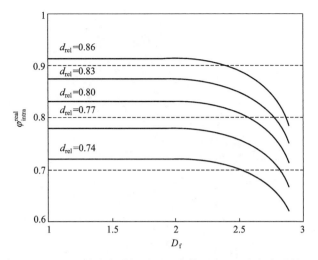

图 4-12 当 $d_{aggr} = 97\mu m$ 时在各种松弛因子条件下以 D_f 为自变量的 φ_{intra}^{real} 估计值

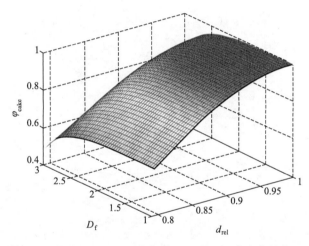

图 4-13 当 $n = 12$ 和 $d_{aggr} = 97\mu m$ 时分别以 D_f 和 d_{rel} 为自变量的 φ_{cake} 估计值

并且使用上述方法估计了松弛因子 d_{rel} 和团聚体配位数 n。结果表明使用抽滤装置时所得结果的平均均方差（MSE）是 0.0083，使用陶瓷过滤器时所得结果的 MSE 是 0.0071。这意味着采用两种验证方法没有明显的区别，并且模型所得的滤饼总孔隙率 $\varphi_{cake,model}$ 与实验所得孔隙率 $\varphi_{cake,test}$ 一致。同时也发现采用抽滤装置执行实验时分形维数的值主要集中在较大值的区域内，采用陶瓷过滤器时的分形维数的值主要集中在较小值的区域内，这对考查整个值域内的分形维数对粉饼孔隙率的影响是非常有利的。这种现场也说明了由于高压压实了粉饼层，从而不仅减小了松弛因子，也产生了较高的分形维数，这些改变了的参数反过来又对过滤压降有影响。由此可以得出，减小了的孔隙率能够使过滤压降变大，增大了的压降反过来又减小了孔隙率。

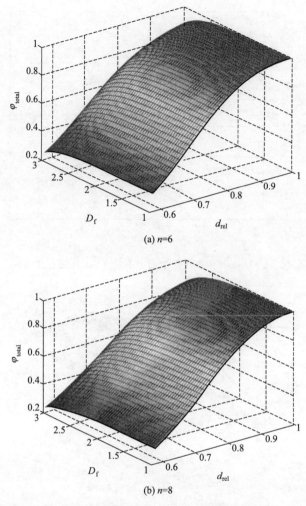

(a) *n*=6

(b) *n*=8

图 4-14   当 $d_{aggr}=97\mu m$ 时分别以 D_f 和 d_{rel} 为自变量的 φ_{cake} 估计值

表 4-4   当 $n=12$ 时分别采用两个过滤系统所得模型计算粉饼孔隙率估计值与实验值的比较

D_f	d_{rel}	$\varphi_{cake,model}$	$\varphi_{cake,test}$	MSE
2.36①	0.812	0.701	0.724	0.0166
2.52①	0.827	0.729	0.730	0.0006
2.44①	0.831	0.742	0.744	0.0012
2.49①	0.818	0.707	0.728	0.0146
1.67②	0.896	0.908	0.920	0.0084
1.72②	0.913	0.937	0.955	0.0124
1.94②	0.922	0.947	0.957	0.0071
1.78②	0.931	0.961	0.961	0.0003

① 由抽滤系统获得，表观速度为 1m/min，系统压降为 13kPa，滤饼厚度为 8～10mm。

② 由陶瓷过滤器系统获得，表观速度为 1.14m/min，压降为 6.8kPa，环境浓度为 7.687g/m³，操作持续时间为 120min。

4.5.5　模型预测压降与实验值的比较

通过将式（4-16）进行变形处理，可以获得表达式 $\Delta p_{cake} = \Delta p_{total} - \Delta p_{filter}$，用评估得到的团聚体配位数来估计各种分形维数和各种松弛因子条件下的滤饼压降。

图 4-15 显示了在不考虑和考虑粉饼坍塌情况下所得以 d_{rel} 和 D_f 为自变量的压降梯度函数的值。图 4-15（a）显示了在没有考虑粉饼坍塌影响下所计算（Δp/

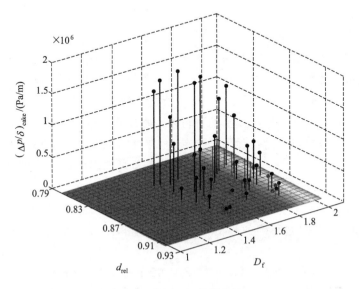

(a) 不考虑粉饼坍塌的影响

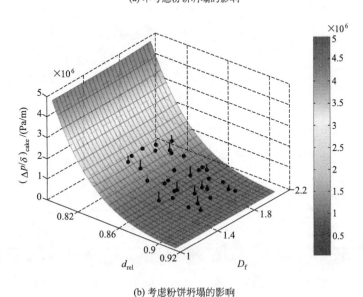

(b) 考虑粉饼坍塌的影响

图 4-15　分别以 D_f 和 d_{rel} 为自变量的粉饼压降梯度的计算值与实验值的比较

$\delta)_{cake}$ 的值，即将模型方程中的松弛因子设置为 1 时的计算值。很显然，如果不考虑粉饼坍塌，由计算结果基本不受松弛因子的影响，由 D_f 和 d_{rel} 决定的 $(\Delta p/\delta)_{cake}$ 参数面没有较大的改变。同时，发现压降梯度同样受分形维数影响较小。即使当 D_f 的值较大时，压降梯度仍然维持相对较小的值域内，例如当 $D_f=2.44$ 和 $d_{rel}=1$ 时，$(\Delta p/\delta)_{cake}=2794Pa/m$。通过比较计算值与实验数据发现，该结果的均方差约为 $4.48\times10^5Pa/m$。图 4-15（b）显示了在考虑粉饼坍塌时的 $(\Delta p/\delta)_{cake}$ 的值，也就是说，在计算模型方程中将松弛因子设置在 $d_{th2}\sim1$ 之间的值。很显然，压降梯度在该情况下会随着松弛因子的减小急剧增大。将该结果与图 4-15（a）中所得结果相比较发现，计算结果的变动更依赖于松弛因子的变化，即粉饼坍塌对压降梯度有很大的影响。通过将计算结果与实验值相比较可得平均 MSN 约为 $1.32\times10^5Pa/m$，这个均方差仅为图 4-15（a）所得平均 MSN 的 29%。

为了进一步证实所提出的模型的可行性，将压降和相应的影响因素，如粉饼厚度、分形维数以及推导出的松弛因子列在表 4-5 中。对于炭黑粉饼层的过滤，在操作风量条件下（$Q=2317m^3/h$），压降的值随着粉饼的连续坍塌而变化。在最大的松弛因子（$d_{rel}=0.875$）时，粉饼已有一定的坍塌，此时的孔隙率约为 0.868，而在最小的松弛因子（$d_{rel}=0.809$）时，粉饼接近于完全坍塌，此时的孔隙率约为 0.702，也就是说，最终得到的晶格填充结构的孔隙率要比最初 REV 的孔隙率减少了约 19%。

表 4-5　当使用炭黑粒子（$\bar{d}_p=2.34\mu m$）作为基本粒子时

不同的参数对应不同粉饼压降 Δp_{cake} 的计算值与测量值的比较

D_f	d_{rel}	φ_{cake}	δ/mm	$\Delta p_{cake}/Pa$		
				模型值	实验值	MSE
1.64	0.875	0.868	2.6	887	967	57
1.74	0.835	0.769	2.4	3910	4289	268
1.83	0.834	0.768	2.5	3927	4119	136
1.87	0.831	0.755	2.7	4642	4946	215
1.88	0.824	0.741	2.3	5437	5825	274
1.91	0.823	0.736	2.4	5902	5953	36
1.93	0.809	0.702	2.7	8527	8578	36

而且，压降的测量值在这些测量厚度基本相等的情况下会随着影响因素（减小的松弛因子和增大的分形维数）也有一个持续的增长。通过将实验值与计算值相比较，得到平均 MSE 是 146Pa，这个误差值只有实验值的 3%，这表明模型所得结果与实验值非常吻合。

4.6 本章小结

本章研究强调了在陶瓷过滤时粉饼坍塌对压降的重要影响，因为粉饼在过滤器表面不断累积导致过滤压降的迅速增加，为了解决这种问题提出了一个粉饼坍塌模型，由于团聚体的配位数是改变粉饼孔隙率，以致影响粉饼过滤的一个不可忽略的重要因素，本模型除了考虑如文献［3］所报道的团聚体间松弛因子、团聚体的分形维数、团聚体大小（包括团聚体的粒径分布及累积筛下质量平均中位径）对粉饼过滤的影响外，还考虑了团聚体配位数的影响。通过将粉饼的孔隙中的团聚体间孔隙与团聚体内孔隙纳入考虑并采用文献［27］所报道的配位数（n =6，8，12），构建了一个以上述所有参数为变量的孔隙率模型。另外，通过本章设计的新颖的反演方法，这些难以通过实验直接获得的未知参数（如配位数及松弛因子）可以很容易地由反演推导得到，即首先以实测的粉饼孔隙率和团聚体分形维数作为反演输入，将推导的配位数与前人所提供的配位数相比较，以误差值最小的配位数作为粉饼的真实配位数，并且比较了预测粉饼孔隙率的值与实验所得孔隙率的值来验证配位数的真实性，再用推导该配位数的松弛因子数列作为模型的松弛因子，从而计算模型的相关参数（配位数、松弛因子、分形维数、团聚体直径）。可以通过实验和反演的方法得到这些参数，从而粉饼的团聚体间孔隙率、团聚体内孔隙率、粉饼总孔隙率以及压降随浮动参数变化的规律也可以得到，通过比较将压降梯度的计算结果与实验值相比较，发现该坍塌粉饼过滤模型要远比没有坍塌的粉饼过滤模型更加接近真实值，从而证实了本模型的有效性，因此，带有配位数考虑的粉饼坍塌模型由于精度高以及计算简单，在预测粉饼的压降时具有很好的应用潜力。

参考文献

[1] Kim J-H，Liang Y，Sakong K-M，et al. Temperature effect on the pressure drop across the cake of coal gasification ash formed on a ceramic filter. Powder Technology，2008，181（1）：67-73.

[2] Li C-T，Zhang W，Wei X-X，et al. Experiment and simulation of diffusion of micron-particle in porous ceramic vessel. Transactions of Nonferrous Metals Society of China，2010，20（12）：2358-2365.

[3] Park P-K，Lee C-H，Lee S. Permeability of collapsed cakes formed by deposition of fractal aggregates upon membrane filtration. Environmental Science & Technology，2006，40（8）：2699-2705.

[4] Lee C，Kramer T A. Prediction of three-dimensional fractal dimensions using the two-dimensional properties of fractal aggregates. Advances in Colloid and Interface Science，2004，112（1）：49-57.

[5] Veerapaneni S，Wiesner M R. Hydrodynamics of fractal aggregates with radially varying permeabili-

ty. Journal of Colloid and Interface Science, 1996, 177 (1): 45-57.

[6] Wagner P E, Kerker M. Brownian coagulation of aerosols in rarefied gases. The Journal of Chemical Physics, 1977, 66 (2): 638-646.

[7] Williams M M R, Loyalka S K. Aerosol science: theory and practice. United Kingdom: Pergamon Press, 1991.

[8] Dennis, Richard. Handbook on aerosols. NO. T1D-26608. GCA Corp, 1976.

[9] Matsoukas T. The coagulation rate of charged aerosols in ionized gases. Journal of Colloid and Interface Science, 1997, 187 (2): 474-483.

[10] Reade W C, Collins L R. A numerical study of the particle size distribution of an aerosol undergoing turbulent coagulation. Journal of Fluid Mechanics, 2000, 415: 45-64.

[11] Cleaver J a S, Karatzas G, Louis S, et al. Moisture-induced caking of boric acid powder. Powder Technology, 2004, 146 (1): 93-101.

[12] Willett C D, Adams M J, Johnson S A, et al. Capillary bridges between two spherical bodies. Langmuir, 2000, 16 (24): 9396-9405.

[13] Xie H Y. The role of interparticle forces in the fluidization of fine particles. Powder Technology, 1997, 94 (2): 99-108.

[14] Neiva A C B, Goldstein L. A procedure for calculating pressure drop during the build-up of dust filter cakes. Chemical Engineering and Processing: Process Intensification, 2003, 42 (6): 495-501.

[15] Bushell G C, Yan Y D, Woodfield D, et al. On techniques for the measurement of the mass fractal dimension of aggregates. Advances in Colloid and Interface Science, 2002, 95 (1): 1-50.

[16] Li X, Logan B E. Collision frequencies of fractal aggregates with small particles by differential sedimentation. Environmental Science & Technology, 1997, 31 (4): 1229-1236.

[17] Suzuki M, Kada H, Hirota M. Effect of size distribution on the relation between coordination number and void fraction of spheres in a randomly packed bed. Advanced Powder Technology, 1999, 10 (4): 353-365.

[18] Georgalli G A, Reuter M A. Modelling the co-ordination number of a packed bed of spheres with distributed sizes using a CT scanner. Minerals Engineering, 2006, 19 (3): 246-255.

[19] Ridgway K, Tarbuck K J. Voidage fluctuations in randomly-packed beds of spheres adjacent to a containing wall. Chemical Engineering Science, 1968, 23 (9): 1147-1155.

[20] Rumpf H. Physical aspects of comminution and new formulation of a law of comminution. Powder Technology, 1973, 7 (3): 145-159.

[21] Shibata H, Mada J, Funatsu K. Prediction of drying rate curves on sintered spheres of glass beads in superheated steam under vacuum. Industrial & Engineering Chemistry Research, 1990, 29 (4): 614-617.

[22] Mandelbrot B B. The fractal geometry of nature. New York: WH freeman, 1977.

[23] Mandelbrot B B. Fractals: form, chance and dimension. San Francisco: WH Freeman, 1979.

[24] Zhou W-X, Sornette D. Numerical investigations of discrete scale invariance in fractals and multifractal measures. Physica A: Statistical Mechanics and its Applications, 2009, 388 (13): 2623-2639.

[25] Wu J. Hausdorff dimensions of bounded-type continued fraction sets of Laurent series. Finite Fields and Their Applications, 2007, 13 (1): 20-30.

[26] Koch H V. Sur une courbe continue sans tangente, obtenue par une construction geometrique elementaire. Arkiv for Matematik, Astronomi och Fysik, 1904, 1: 681-704.

[27] Molerus O. Principles of flow in disperse systems. London: Chapman & Hall, 1993.

[28] Hwang K-J, Liu H-C. Cross-flow microfiltration of aggregated submicron particles. Journal of Membrane

Science，2002，201（1）：137-148.

［29］ Ju J，Chiu M-S，Tien C. Further work on pulse-jet fabric filtration modeling. Powder Technology，2001，118（1）：79-89.

［30］ Dittler A，Ferer M V，Mathur P，et al. Patchy cleaning of rigid gas filters—transient regeneration phenomena comparison of modelling to experiment. Powder Technology，2002，124（1）：55-66.

［31］ Ergun S. Fluid flow through packed columns. Chem. Eng. Prog. ，1952，48：89-94.

［32］ Ju J，Chiu M-S，Tien C. Multiple-objective based model predictive control of pulse jet fabric filters. Chemical Engineering Research and Design，2000，78（4）：581-589.

［33］ Helland E，Occelli R，Tadrist L. Computational study of fluctuating motions and cluster structures in gas－particle flows. International Journal of Multiphase Flow，2002，28（2）：199-223.

［34］ Li J，Du Q，Sun C. An improved box-counting method for image fractal dimension estimation. Pattern Recognition，2009，42（11）：2460-2469.

第5章

陶瓷三效催化过滤器表面
积炭层多重分形分析

5.1 引言

　　细颗粒物对陶瓷过滤微粒捕集器的影响主要表现在过滤阻力严重升高等方面[1,2]，影响过滤器生命期的主要原因是细颗粒物在其微观表面的附着、板结、结垢[3]。导致过滤器表面积炭板结的主要因素有压力、烟速、温度以及水汽成分。细颗粒物初始到达陶瓷层时，在静电力、范德华力和液力桥的作用下，会以一定的随机概率借助较微弱的吸附力附着在过滤器表面层，在过滤器表面形成孔隙率较大的积炭层[3]，随积炭层增厚，细颗粒物与积炭层的碰撞以及积炭层在风压作用下内部相互挤压，导致积炭层孔隙率不断变小，导致过滤器表面发生粉尘板结，使得过滤器两端压力差极大，严重影响到排气动力元件（如风机）的正常工作，最终导致细颗粒捕集过程无法正常进行[4]。

　　由于多重分形理论能将不同程度的自相似性分解为不同奇异强度和分形维数的集合[5]，对于几何元素的不规则自仿射分形特征有较好描述，因而多重分形技术越来越受到各界学者的重视，并广泛应用于科学与工程领域。Kumar 等[6]通过计算声发射信号的多重分形谱准确得到了声传播过程中的最大传播类型和衰减类型。Xu 等[7]应用多重分形原理分析了腐蚀后钢材表面，发现腐蚀表面的多重分形谱可准确预测腐蚀表面的演化规律和趋势。Xu 等[7]基于奇异指数采用复合方法研究了负载型聚乙烯（PE）催化剂的表面形貌多重分形谱，结果表明多重分形谱的奇异强度跨度越大，则催化剂的活性越强。孙霞等[8,9]以 Si 衬底上生长的 ZnO 薄膜的 AFM 图像为对象，研究了准确获得大范围内具有标度不变性多重分形谱的方法。因此，多重分形方法在微观表面中的应用实现了对物理量不均匀分布的定量表征。

本章采用原子力显微镜（AFM）观测不同时间点从过滤器不同位置采集的积炭沉积板结样品，通过计算获得样品的标度不变性多重分形谱，定量分析了三效催化剂陶瓷过滤器表面板结层的多重分形特征，进而深入了解陶瓷三效催化过滤器表面积炭层沉积板结的规律。

5.2　陶瓷三效催化过滤器积炭层采样

在汽车排气管道中的陶瓷三效催化微粒捕集器上设置不锈钢采样盘，通过车载运行一年后进行取样测试。图 5-1 为车辆排气系统的示意图，实验车载发动机型号为 2.8L 双顶置凸轮轴（DOHC）发动机，汽车中尾气从发动机出来后，流经催化陶瓷过滤捕集器，经消声器后排放进入大气。发动机基本参数如表 5-1 所示，多孔陶瓷三效催化微粒捕集器表面积炭板结层采样方法如图 5-1 所示，发动机的不同工况条件下汽车尾气排放质量流速如图 5-2 所示。由于碳质细颗粒物主要在三效催化微粒捕集器的迎风面上附着，并随着汽车的运行发生沉积—密实—板结，由于三效催化微粒捕集器的流场在横截面上会分布不均，导致不同位置积炭颗粒捕集及板结情况各有不同，因此板结层的采样点主要设置在从中心到边缘的三个点上，分别标记为 1、2、3 号采样点。为了使三效催化微粒捕集器表面板结层采样完整，采用 Tempfix™涂层将规格 10mm×10mm 的标准 304 不锈钢盘粘贴在三效催化微粒捕集器表面的采样点上。采样钢盘于 2016 年汽车大保养期布置，于 2017 年大保养期取出，采用吹灰器吹扫样品表面，将板结层连同采样钢盘置于高温管式炉中在 350℃进行焙烧紧固。

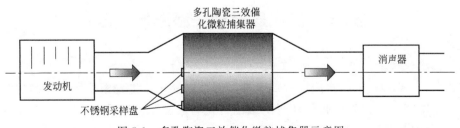

图 5-1　多孔陶瓷三效催化微粒捕集器示意图

表 5-1　发动机基本参数

项目	参数
进气方式	自然吸气
气缸布置形式	V 形
缸数	6 缸
气缸容量/cm³	2792
气缸直径/mm	81
冲程/mm	90.3
压缩比	1∶10

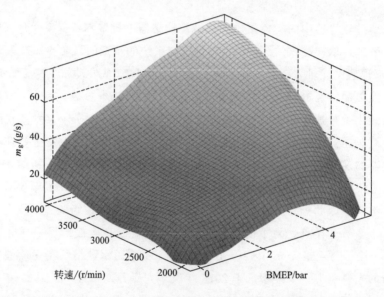

图 5-2　不同工况条件下汽车尾气排放质量流速

5.3　积炭层微观表面图像获取

为了计算催化剂积炭层微观表面高度的概率分布，首先根据所得样品的三维 AFM 图转换为二维图，再将所得二维图转化为灰度图，最后通过 Matlab 软件以 120 阈值将其转化为黑白二值图，所有图像像素（dpi）均为 1024×1024。多孔陶瓷三效催化微粒捕集器积炭层 AFM 电镜照片（图 5-3）。

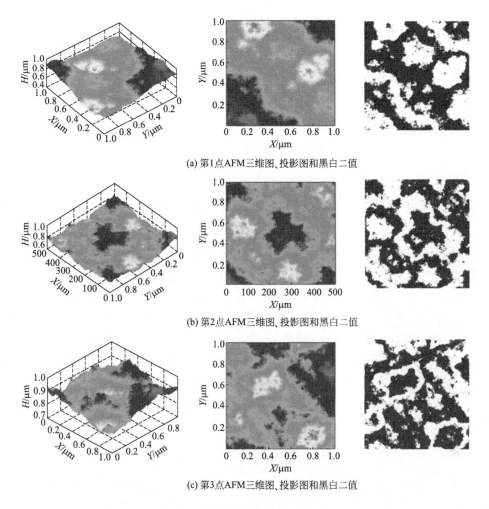

(a) 第1点AFM三维图、投影图和黑白二值

(b) 第2点AFM三维图、投影图和黑白二值

(c) 第3点AFM三维图、投影图和黑白二值

图5-3　多孔陶瓷三效催化微粒捕集器积炭层 AFM 电镜照片

5.4　多重分形理论与计算

5.4.1　多重分形谱计算

多重分形方法常用于数理计量统计，对于积炭层电镜图像可用盒计数法，并通过考虑盒内像素的各向异性[8]，对盒子内像素归一化处理后，得到各盒子内沉积表面粗糙度的概率集，再用多重分形谱进行描述。按照盒内概率 $P_i(\varepsilon)$ 得到以下幂函数集：

$$P_i(\varepsilon_i) = \varepsilon_i^{\alpha_i} \quad (i = 1, 2, 3, \cdots, N) \tag{5-1}$$

式中　ε_i——盒子的尺度；

　　　α_i——第 i 个盒子内的 Lipschitz-Hölder 指数特征密度，又称为奇异指数[10]，反映划分积炭垢层电镜图像所采用的盒子内各像素点高程值的奇异程度。若所有像素点的高程值均相等，则 $\alpha = 1$，实际上每个像素点的高程值均不相同，故 α 必然不等于 1。

若将覆盖积炭垢层电镜图像盒子数记为 $N(\varepsilon_i)$，则 $N(\varepsilon_i)$ 必然随 ε_i 的减小而增大，因此 ε_i 在图像尺寸范围内变化时，$N(\varepsilon)$ 与 ε 具有以下关系：

$$N(\varepsilon) \propto \varepsilon^{f(\alpha)} \quad [\lim(\varepsilon) \to 0^+] \tag{5-2}$$

式中　$f(\alpha)$——相同 α 值的子集分形维数，一般将 $f(\alpha)$ 称为多重分形谱。

$f(\alpha)$ 是表示具有不同奇异特性盒子图像的分形维数集合，在采用某一尺度的盒子划分图像时，对具有各向异性的盒子图像能得到其准确的分形维数，有效避免简单分形维数只考虑盒子尺度与数目而不考虑盒内像素数的问题。

为了计算规则与不规则多重分形谱，从信息论的角度选择一个适合描述多重分形的参量——配分函数 $X_q(\varepsilon)$，配分函数定义为对概率 $P_i(\varepsilon_i)$ 用加权矩 q 的次方进行加权求和：

$$\chi_q(\varepsilon) = \sum_i^n P_i^q = \sum_i^n (\varepsilon_i)^{\alpha_i q} \tag{5-3}$$

令 $\tau(q) = \alpha_i q$，则 $\tau(q)$ 为 Rényi 指数，将上式两边取对数可得 Rényi 指数的表达式：

$$\tau(q) = \lim_{\varepsilon \to 0} \frac{\ln X_q(\varepsilon)}{\ln \varepsilon} \tag{5-4}$$

为了得到覆盖积炭垢层电镜图像的多重分形谱，需要将广义分形维数进行 Legendre 变换[11]。广义分形维数 D_q 与 Rényi 指数 $\tau(q)$ 的关系为[12]：

$$D_q = \frac{\tau(q)}{q-1} \tag{5-5}$$

由 Legendre 变换可得：

$$D_q = \frac{\alpha q - f(\alpha)}{q-1} \tag{5-6}$$

因此，多重分形谱可表示为：

$$f(\alpha) = \alpha q - \tau(q) \tag{5-7}$$

5.4.2　催化剂积炭层多重分形分析

对于规则分形集，可通过统计物理方法对图形进行多重分形谱分析。而催化剂表面积炭垢层电镜图像一般为不规则分形集，因此必须通过盒计数法求出微观高程值的概率分布，再借助统计物理方法对图像进行多重分形谱分析[13]。第 (i, j)

个盒子中的概率为：

$$P_{ij}(\varepsilon) = \frac{h_{ij}}{\sum h_{ij}} \tag{5-8}$$

式中　h_{ij}——第 (i,j) 个盒子内的平均高程值。

当加权矩 $q=0$ 时，由式（5-1）可知，不管盒子尺寸 ε 为何值，每个盒子的概率均为 1，即有 $\chi_q(\varepsilon) = N(\varepsilon) \sim \varepsilon^{\tau(q=0)}$，这与简单分形公式 $N(\varepsilon) \sim \varepsilon^{-D}$ 一致，因此 $q=0$ 时，D_0 为 Hausdorff 维数。

当加权矩 $q=1$ 时，必须采用盒计数法对催化剂表面积炭垢层进行多重分形分析，盒子尺寸的选取非常关键[14]。Cowie 等[15]研究表明，信息熵很适于图像平面尺寸效应的研究。为保证盒子能恰好覆盖催化剂表面积炭垢层电镜图像，采用 Matlab 对图像进行计算确定图形的最大像素值，选取盒子尺寸 ε 处于 0 至最大像素值之间，则平均信息熵 H 为：

$$H(\varepsilon) = -\sum P_i(\varepsilon) \ln P_i(\varepsilon) \tag{5-9}$$

由于信息熵的特点为各盒内概率相等时信息熵最大，各盒子概率分布越不均匀，则信息熵越小。因此只有划分催化剂表面积炭垢层电镜图像的盒子越小时，各盒内概率越接近。因此，得到最大信息熵 $H_{max}(\varepsilon)$ 对应的特征长度为最小盒尺度 ε_{max}。信息熵 $H(\varepsilon)$ 与信息维度 D_1 之间的关系为[16]：

$$D_1 = \lim_{\varepsilon \to 0} \frac{\ln H(\varepsilon)/C}{\ln(1/\varepsilon)} \tag{5-10}$$

式中　C——常数。

当加权矩 $q>1$ 时，由式（5-4）、式（5-5）可知：

$$D_q = \frac{\lim\limits_{\varepsilon \to 0} \dfrac{\ln \chi_q(\varepsilon)}{\ln \varepsilon}}{q-1} \tag{5-11}$$

5.5　陶瓷催化过滤器积炭层微观形态

为了更直观地研究排放尾气中积炭在 3 层催化剂表面的沉积板结情况，从现场取样并拍摄了上（第 1 点）、中（第 2 点）、下（第 3 点）催化剂表面积炭层的 AFM 图像，如图 5-3 所示。第 1 层催化板结点表面的高程值差明显高于第 2 点与第 3 点，且从中心到边缘方向，积炭微观表面形貌逐渐变得复杂，从 XY 面的投影图可知，第 2、3 点的等高区域比第 1 点多，说明第 1 点催化剂为粗大颗粒形成积炭层分区明显，而第 2、3 点为细颗粒形成的积炭层分区比较碎片化。采用盒计数法计算多重分形时，将 XY 投影图按照 ε 尺度划分盒子，并在每个盒子中以 RGB 色差变化统计盒子中的高度分布概率。为进行多重分析计算，将 XY 投影图以阈值 120 转化为黑白二值图，经过二值处理的图像使得多重分形谱的计算具有较好的标度不变性。

5.6 积炭层广义分形维度数

加权矩 q 值是广义分形维数的类属划分的决定性因素：当 $q=0$ 时，D_0 为豪斯道夫维数（Hausdorff 维数），在数值上近似与容量维数相等；当 $q=1$ 时，D_1 为信息维数；当 $q=2$ 时，D_2 为关联维数。因此，不同 q 对应有不同类属的分形维数，3 个位置的积炭采样点对应的配分函数对数图如图 5-4 所示。显然，$q<0$ 时，$\ln\chi_q(\varepsilon)$ 的 surf 面随 $\ln\varepsilon$ 的增加呈现线性递减的趋势，而 $q>0$ 时，$\ln\chi_q(\varepsilon)$ 的 surf 面随 $\ln\varepsilon$ 的增加呈现线性增加的趋势。

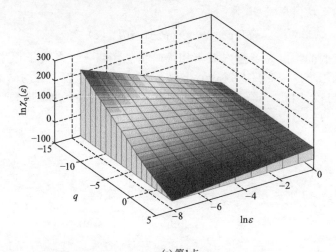

(a) 第1点

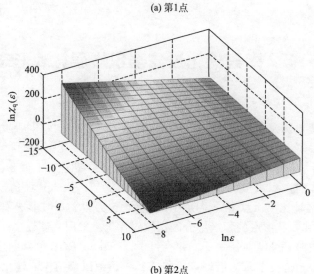

(b) 第2点

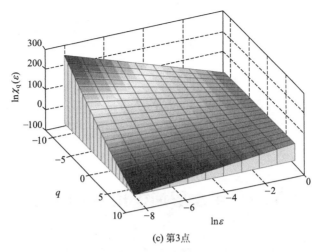

(c) 第3点

图 5-4 三效催化过滤器积炭层 $\ln\chi_q(\varepsilon)$ -$\ln\varepsilon$ 图

理论上 $|q|$ 的取值越大越好，而实际过程中，$|q|$ 值大到一定程度时计算会发生溢出错误，且 $|q|$ 的细微变化都会导致分形维数成倍增长。通过摒弃无意义 q 值区域，在保证 R^2 大于 0.95 的条件下，计算得到有效 q 值范围内的广义分形维数，如图 5-5 所示。由图可知，D_q 并非一个恒定的值，这表明催化剂表面积炭层微观高程分布不均，D_q 随着加权矩 q 的增大而减小，$q\in[-5,1]$ 时改变尤其剧烈，这表明 3 层催化剂积炭层具有明显的多重分形特征。且 $q<-5$ 时，第 1、2 层的广义分形维数比较接近，$q>-1$ 时，第 2、3 层的广义分形维数比较接近。

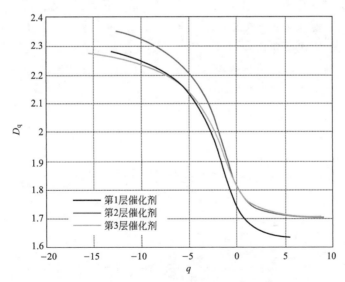

图 5-5 广义分形维数随加权矩变化规律

为进一步具体化特殊意义维度，在 $\{q\,|\,q=1,2,3\}$ 条件下对广义维度的计算结果取值，分别得到了 3 点催化剂板结层表面的 Hausdorff 维数 D_0、信息维数 D_1 和关联

维数 D_2（表 5-2）。由表可知，D_0、D_1、D_2 均随中心距的增加而增大，即靠近中轴区域的积炭层的维度低，越靠近边缘其维度越高。但 D_0-D_2 的值却随中心距的增加而减小，这表明分形维度越高，关联分形维数与 Hausdorff 维数则越接近。

表 5-2 广义分形维数的代表值

采样点	$-q$	q	D_0	D_1	D_2	D_0-D_2
第 1 点	−13	5	1.739	1.689	1.664	0.075
第 2 点	−15	9	1.805	1.760	1.736	0.069
第 3 点	−12	7	1.809	1.762	1.742	0.067

5.7 积炭层加权矩随变特性

三效催化过滤器表面采样点的积炭层的奇异指数 α 与多重分形维数 $f(\alpha)$ 随着加权矩 q 的变化呈现一定的变化趋势。由图 5-6 可知，在有效 q 范围内（第 1 点积炭样品，$q\in[-13,5]$；第 2 点积炭样品，$q\in[-15,9]$；第 3 点积炭样品，$q\in[-12,7]$，α 随 q 的增大而减少，在 $q\in[-5,5]$ 时 α 下降速度最快。$q<0$ 时，多重分形维数 $f(\alpha)$ 随 q 的增大而增大；$q>0$ 时，多重分形维数 $f(\alpha)$ 随 q 的增大而减小。三效催化过滤器表面采样点的积炭层中第 3 点的积炭层奇异度最大，这表明第 3 点催化剂积炭层具有不均匀性和明显的多重分形特征；第 3 点催化剂表面的积炭层具有最大的分形维数，第 1 点催化剂表面板结层具有最小分形维数，这表明三效催化过滤器中轴线上（第 1 点）为粗大颗粒的主要过滤通道，而边缘部分所形成的积炭层要比较细腻且密实，因而维度不高。根据气相流体的运动规律，越靠近中轴线，其速度、颗粒数密度、浓度更大，而边缘部分较小，这就决定

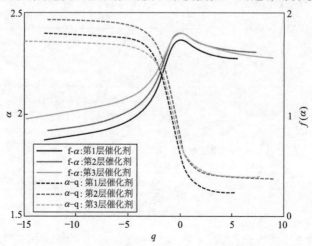

图 5-6 奇异指数(α)与多重分形维数 $f(\alpha)$ 随加权矩 q 的变化规律

了在宏观上边缘部分的积炭较为精细，因而第 3 点积炭层的维度要明显高于第 1、2 点。

　　三效催化过滤器表面采样点的积炭层的 Rényi 指数 $\tau(q)$ 随着加权矩 q 的变化规律如图 5-7 所示。对普通分形来说，Rényi 指数 $\tau(q)$ 随着加权矩 q 发生线性变化；而对于多重分形而言，$\tau(q)$-q 关系曲线是非线性变化。若曲线的非线性程度越大，研究对象的多重分形特征越明显。试验表明在 q 取值范围内三个采样点的积炭层的 Rényi 指数 $\tau(q)$ 都表现为非线性变化，说明积炭层具有明显的多重分形特征。三效催化过滤器表面三处采样点的积炭层的 Rényi 指数重合度较高，当 $q=0$ 时，三者的 Rényi 指数相等，当 $q>0$ 与 $q<0$ 时，Rényi 指数略有分散。

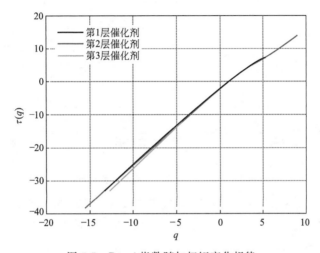

图 5-7　Rényi 指数随加权矩变化规律

5.8　三效催化过滤器积炭层多重分形谱

　　多重分形谱反映了三效催化过滤器积炭层微观高度分布的不均匀性，只有获得对象的多重分形谱才能定量描述分形维数随奇异指数的变化情况。三个积炭采样点的 AFM 图像的多重分形谱如图 5-8 所示。积炭层多重分形谱曲线呈单峰钟形形状，其趋势呈现向右的钩状，对于处于不同位置的积炭层图像，其钩的位置与宽度有所区别。一般来说，分形谱的宽度越宽，表明图形的分形强度越强。由图 5-8 可知，第 1 点与第 3 点积炭层的谱宽较大，第 2 点的谱宽较小，分形谱的宽窄影响表面均匀程度；从分形谱的高程来看第 1 点的分形维数最小，第 3 点分形维数最大，而分形维数又会影响表面颗粒板结程度。由此可知，边缘迎风采样点处具有低值高强度分形维数，积炭层具有较低的粒度不均匀性且较为密实；中心迎风采样点处具有高值高强度分形维数，积炭层具有较高的粒度不均匀性且较为疏松；而第 2 点的颗粒分布比较均匀。使用声波清灰器处理细颗粒形成的致密板结层时，清灰强度和频次相对较高；处理相对疏松的大颗粒板结层时，声波使用频次要少，吹灰也相当容易。三效催化过滤器积炭层的 $f(\alpha)$-α 谱线图均呈现右钩形状，这表明催化剂的积炭形成主要由小颗粒引起，而大颗粒形成积炭层的概率不高，这与实际过程相吻合。

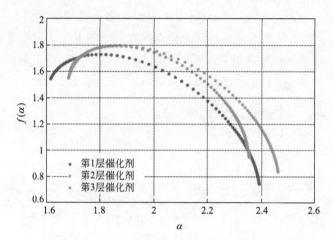

图 5-8　三效催化过滤器积炭层多重分形谱

三效催化过滤器积炭层主要特征参数见表 5-3。其中 $\Delta\alpha = \alpha_{max} - \alpha_{min}$ 定量表征了最小奇异值与最大奇异值之间的跨度，$\Delta\alpha$ 越大，表明研究对象的高程分布越不均匀，因此 $\Delta\alpha$ 称为谱宽度。同时，$\Delta f = f(\alpha_{min}) - f(\alpha_{max})$ 能够很好地表征多重分形谱的对称度，$|\Delta f|$ 值越小，则谱线的对称性越好，多重分形谱越易呈对称钟状；反之，$|\Delta f|$ 值越大对称性越差，多重分形谱越易呈钩状。$\Delta f < 0$ 时谱线图呈现左钩状，$\Delta f > 0$ 时谱线图呈现右钩状。由表 5-3 可知，第 3 采样点积炭层的多重分形谱的谱宽度最大，为 0.8401，说明第 3 采样点积炭层的微观高程分布不均，该结果从图 5-3 的 AFM 观察也可得到验证。由于得到的三效催化过滤器积炭层谱对称度值、绝对值 $|\Delta f|$ 均较大，因而其对称性较差，由于第 1 采样点积炭层 $\Delta f = 0.7981$，为三处采样点中最大值，因而第 1 采样点积炭层的对称性最差，第 2 采样点的对称性相对较好，第 3 采样点次之。三效催化过滤器积炭层均为 $\Delta f > 0$，因此其多重分形谱图均为右钩状，这表明小高程的概率分布占主导，而大高程的分布影响较小。

表 5-3　催化剂板结层多重分形谱的主要参量

采样点	α_{min}	α_{max}	$\Delta\alpha$	$f(\alpha_{min})$	$f(\alpha_{max})$	Δf
第 1 点	1.6199	2.3981	0.7782	1.5516	0.7535	0.7981
第 2 点	1.6870	2.3610	0.6740	1.5590	0.9561	0.6029
第 3 点	1.6928	2.4681	0.8401	1.6132	0.8462	0.7670

5.9 本章小结

本章主要讨论了三效催化过滤器积炭层微观表面的形貌和多重分形特征，三个采样位置的积炭层具有典型的多重分形特征。

① 通过对 AFM 图像的分析发现，第 1 采样点积炭层微观高程分区较为明显，第 3 采样点积炭层微观高程分区较为碎片化，通过二值化处理图像使得多重分形分析具有标度不变性。

② 通过对广义分形维数的分析，分别得到了三效催化过滤器积炭层表面的 Hausdorff 维数 D_0、信息维数 D_1 和关联维数 D_2，并发现随着中心距的增加关联、分形维数与 Hausdorff 维数越接近。

③ 通过分析加权矩随变特性发现，第 3 采样点积炭层具有较明显的粒度不均匀性且较为疏松，同时第 1 采样点积炭层相对不均匀且较为密实。

④ 通过对多重分形谱形状分析发现，三效催化过滤器积炭层多重分形谱对称性较差，其谱线形状均呈现右钩形，由此得到积炭层的微观形态以小颗粒与小高程概率分布点主导。

⑤ 三效催化过滤器积炭层形成过程是一个复杂的动力学过程，多重分形理论为催化剂迎风面积炭捕捉与板结密实过程分析提供了强有力的手段，并为催化剂表面声波清灰操作提供依据。

参考文献

[1] Zhang W，Lu C，Dong P，et al. Influence of deposited carbonblack particles on pressure drop with ceramic ultra-filtration for treatment of coal-fired flue gas. Journal of Chemical Engineering of Japan，2018，51 (7)：566-575.

[2] Zhang W，Lu C，Dong P，et al. Fractal reconstruction of microscopic rough surface for soot layer during ceramic filtration based on Weierstrass-Mandelbrot function. Industrial & Engineering Chemistry Research，2018，57 (11)：4033-4044.

[3] Zhang W，Li C-T，Wei X-X，et al. Effects of cake collapse caused by deposition of fractal aggregates on pressure drop during ceramic filtration. Environmental Science & Technology，2011，45 (10)：4415-4421.

[4] Lin J C-T，Hsiao T-C，Hsiau S-S，et al. Effects of temperature，dust concentration，and filtration superficial velocity on the loading behavior and dust cakes of ceramic candle filters during hot gas filtration. Separation and Purification Technology，2018，198：146-154.

[5] 高得力，杨学昌，王鹏. TiO$_2$ 薄膜表面形貌的多重分形分析. 清华大学学报（自然科学版），2012，52 (01)：128-132.

[6] Kumar J，Ananthakrishna G. Modeling the complexity of acoustic emission during intermittent plastic deformation：Power laws and multifractal spectra. Physical Review E，2018，97 (1)：012201.

[7] Shan hua X，Songbo R，Youde W. Three-dimensional surface parameters and multi-Fractal spectrum of corroded steel. PLOS ONE，2015，10 (6)：e0131361.

[8] 孙霞，吴自勤，黄畇. 分形原理及应用. 合肥：中国科学技术大学出版社，2006.

[9] 孙霞，傅竹西，吴自勤. 薄膜生长的多重分形谱的计算. 计算物理，2001，18 (3)：247-252.

[10] Halsey T C，Jensen M H，Kadanoff L P，et al. Fractal measures and their singularities：The characterization of strange sets. Physical Review A，1986，33 (2)：1141-1151.

[11] 高得力，杨学昌，王鹏. TiO$_2$ 薄膜表面形貌的多重分形分析. 清华大学学报 (自然科学版)，2012，52 (1)：128-132.

[12] Sato S，Sano M，Sawada Y. Practical methods of measuring the generalized dimension and the largest lyapunov exponent in high dimensional chaotic systems. Progress of Theoretical Physics，1987，77 (1)：1-5.

[13] 赵玉新，常帅，张振兴. 地磁异常场的多重分形谱分析及构图法. 测绘学报，2014，43 (5)：529-536.

[14] Meisel L V，Johnson M，Cote P J. Box-counting multifractal analysis. Physical Review A，1992，45 (10)：6989-6996.

[15] Cowie P A，Sornette D，Vanneste C. Multifractal scaling properties of a growing fault population. Geophysical Journal International，1995，122 (2)：457-469.

[16] 张济忠. 分形. 第 2 版. 北京：清华大学出版社，2011.

第6章

陶瓷过滤器表面积炭层微观面分形重构

6.1 引言

刚性陶瓷过滤器（RCF）能够捕集燃煤电站、生物质焚烧炉或气化炉的高温烟气中的细颗粒物，具有广阔的应用前景[1-3]。由于具有过滤效率高、超低排放、热冲击抵抗能力强、抗蚀能力强等诸多优点，因此采用 RCF 作为超细颗粒物的处理设备能够有效地保证废气处理设备不被恶劣的工况环境所损坏[4]。对于 RCF 在实际过滤过程中过滤压力和捕集效率的稳定，许多学者已经开展了较为深入的研究[5]。通常，采用 RCFs 净化热烟气的机理可以分为两类：纤维结构过滤和颗粒层过滤[6]。这两种过滤方式主要取决于烟气中无规则运动的细颗粒在过滤材料表面的沉积与拦截。过滤元件外部表面的炭黑层作为细颗粒物的关键拦截障碍物，对于其特性的研究非常关键。由此，在过去的几十年中有很多学者做了大量有关烟气中颗粒物的形成与控制机理方面的研究工作[7,8]。烟气中炭黑颗粒物在过滤元件表面上聚并的主要成因，是颗粒物与过滤材料之间的碰撞及由于颗粒之间的范德华力、静电力和液桥共同作用引起的黏附，目前已成为一种共识[9]。相应地，炭黑饼层的微观拓扑结构对于炭黑颗粒之间的碰撞与凝并尤为重要[10]。

具有不同厚度的积炭层的微观表面存在很大的区别。Kim 等的研究表明，细颗粒物过滤压降会随着附着积炭层质量的增加而近似线性增加，并且一旦有新颗粒层覆盖在已有积炭层表面时，具有不同厚度的积炭层会导致不同的粗糙度[11]。为了研究某一点的微观表面，必须明确该处局部积炭层的厚度。压降是积炭层形成的一个关键因素，1952 年 Ergun[12]提出了一种通过填充床颗粒材料的一维流动压降方程，并且这个方程在现在的化工行业中得到了广泛的应用。

$$\frac{|\Delta p|}{\delta} = \frac{150\mu(1-\varphi)^2}{a_c^2 \varphi^3} u_f + \frac{1.75\rho(1-\varphi)}{a_c^2 \varphi^3} u_f^2 \tag{6-1}$$

式中　　Δp——过滤压降；

$\quad\quad\quad\mu$——流体动力学黏度；

$\quad\quad\quad\rho$——流体密度；

$\quad\quad\quad\varphi$——过滤介质孔隙率；

$\quad\quad\quad u_f$——过滤介质表面渗滤速度；

$\quad\quad\quad a_c$——填充床颗粒平均粒径；

$\quad\quad\quad\delta$——填充床厚度。

前人的研究表明，烟尘颗粒在过滤器上的持续沉积会不断改变孔隙率、比表面积和孔隙体积。因此，只有采用原位实时参数来计算压降才会逼近真实值，即在计算过程压降时应充分考虑粉尘沉积带来的影响。

为了考查沉积的炭黑的微观形貌和微观结构属性，前人开展了很多微尺度的研究工作。Konstandopoulos 等[13]提出了一种采用第一性原理精确测量炭黑填充密度和渗透率的测量方法。Kim 等[11]研究了实验扩散燃烧器释放出的炭黑纳米颗粒的结构特性和过滤器负载特性。Saffaripour 等[14]通过透射电镜分析研究了驱动循环和汽油燃烧颗粒过滤器对汽油直喷式汽车排放炭黑形貌的影响。然而，采用常规的方法对炭黑层表面形貌进行定量分析与建模非常困难。为了重构某一种材料的微观表面，Weierstrass-Mandelbrot 函数（W-M 函数）[15,16]通常用来构建高维随机过程，其幅值的表达式为：

$$W(r) = \sqrt{\frac{\ln\gamma}{M}} \sum_{m=1}^{M} A_m \sum_{n=-\infty}^{\infty} [1 - \exp(ik_0\gamma^n r\cos(\theta-\alpha_m))]\exp(i\phi_{m,n})(k_0\gamma^n)^{D-3}$$

$$\tag{6-2}$$

式中　　γ^n——几何空间频率（$\gamma > 1$）；

$\quad\quad\quad D$——分形维数(FD)($2 < D < 3$)；

$\quad\quad\quad\phi_{m,n}$——$0 \sim 2\pi$ 之间的任意随机相；

$\quad\quad\quad k_0$——可用来标度水平变化的波数。

当 $\gamma \to 1$ 且 $M \to \infty$ 时选择正则化因子 $(\ln\gamma/M)^{1/2}$ 来获得 $W(r)$ 的极限值。另外，对每一个索引值 m 都会有 $\alpha_m \in [0, \pi]$ 与微观表面皱纹的方向对应。

为了构建粗糙表面，获得微观面的关键参数分形维数（FDs）是非常重要的。近年来随着分形理论的发展，有许多比较成熟的方法可以获得分形维数，如计盒数法[17]、体-面换算法[18]、碎片孤岛法[19]、频率-能量波谱法[20]等。为了从复杂的由细颗粒物凝并而成的团聚体中得到分形维数，Perrier 等[21] 根据实验所得颗粒物粒度分布（particle-size distributions，PSDs）得出了一个称为"孔隙-固体分形模型"（pore-solid fractal，PSF）的通用表达式。为了使得 PSF 模型能在实际过程中得到应用，通过对所得函数的自变量取对数，由此分形维数可通过线性回归的斜率获得。实验表明，PSF 模型在工业领域应用过程中所得到的 FDs 值很接近真实的分形维数[22]。相应地，采用 PSF 方法确定分形维数来构建粗糙表面也是可行的。

本章主要对 RCF 中刚性陶瓷管外表面炭黑过滤层的微观粗糙面的构筑开展了研究。在炭黑过滤层取 6 个纵向采样点和 6 个周向采样点来获取 FDs 以构筑微观表面。接下来，采用薄层色谱分离、紫外分光光度法测试获取 PSDs 值，并采用 PSF 方法确定分形维数。由此，炭黑过滤层的微观粗糙面可以由 W-M 函数及获得的 FDs 进行重构。为了证实这种方法的有效性，本文将重构的分形表面与原子力显微镜（AFM）所获得的电镜照片进行了对比。本研究对于积炭层表面拓扑结构的构筑具有重要的指导意义。

6.2 原位捕集炭黑实验设计

6.2.1 炭黑捕集实验

陶瓷过滤微粒捕集器及其测试系统原理如图 6-1 所示。该系统主要由燃烧室和带有测试系统的过滤室组成，测试系统包括一个长度为 1.2m 的过滤元件（中国科博特公司生产）。为了模拟现场实际烟气流，将煤和空气的预混燃料输送到燃烧室中，并把燃烧过程中产生的烟道气引入过滤室。将加载制冷剂的盘管式热交换器置于燃烧室和过滤室之间的流动管道中，模拟烟气的实际温度，制冷剂的温度设置为 90～150℃之间，并确保实验装置的安全性。测试壳体腔室采用 SBGX0013 钢化玻璃（中国苏博公司生产）制作，最高工作温度＜288℃。过滤元件上的压降采用四个 MODEL267 差压传感器（中国 Setra 公司生产）监测。为了比较陶瓷滤料对压降的影响，采用 3 种类型的陶瓷滤芯 TCP-LG50、TCP-LG80 和 TCP-LG100（表 6-1）进行实验。采样点的设置如图 6-1(b)～(c) 所示，沿着过滤元件的纵向迎风面上设置 6 个采样点分别为 b_1～b_6，沿着 b_2 处的圆周设置 6 个采样点分别为 a_1～ a_6。由 JSM-6700F 场发射扫描电子显微镜（日本电子光学实验元件公司生产）得到样品的电镜图像后，基于计盒维数法通过对数线性拟合的方法来得到每个采样点的分形维数。为了研究炭黑样品的微观表面形态，采用原子力显微镜（AFM）（NT-MDT）来表征微观粗糙表面。为了确保薄的原始样品的完整性，将下表面上涂覆 Tempfix TM 导电黏合剂（英国 Tempfix ssolution Ltd. 公司）的 10mm×

10mm 氧化铝采样盘黏附在陶瓷过滤元件的外表面上。采用反复燃烧实验，直到有一层炭黑样品完全覆盖氧化铝采样盘底部后，取出采样盘并对样品进行固化处理。为了获得实时表面过滤速度，采用型号为 PCO.1200 的 CCD 传感器相机（德国 PCO 公司生产）组成 45°stereo-PIV 系统，并配制相应最大分辨率为 1280×1024 像素的 550nm 长通滤波器。使用双脉冲 Nd：YAG 激光器（EverGreen145 @ 532nm，美国 Quantel 公司生产）和复合透镜在 CCD 照相机的正交方向上产生和形成均匀的激光片（厚度 1.5～2mm）。

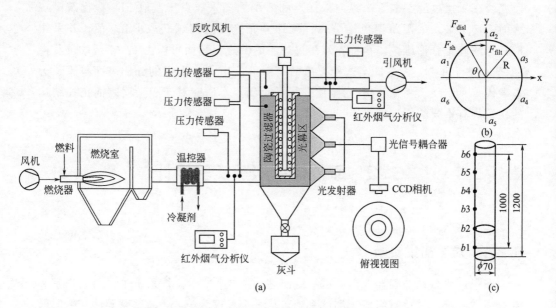

图 6-1　炭黑捕集测试实验示意图

（a）燃烧过滤测试系统；（b）周向取样点分布；（c）纵向取样点分布

表 6-1　实验所用陶瓷过滤元件的特性

过滤元件	TCP-LG50	TCP-LG80	TCP-LG100
厚度 δ/mm	10	15	20
平均颗粒直径 a_c/μm	257	214	154
初始孔隙率 φ_0	0.53	0.47	0.42
内外管径($D_{ex}|D_{in}$)/mm	50|30	80|50	100|60
总过滤表面积/m²	14.47	23.32	29.29

6.2.2　积炭层厚度测算

（1）烟尘沉积对压降的影响

对于恒定压力条件，出口和入口之间的压降大致在过滤系统中保持不变。然而，可以在过滤器的表面形成不断增加的粉尘预备层，其逐渐变成主过滤层。一般而言，随着特定沉积物的增加，过滤材料的孔隙率逐渐变小，即过滤材料的每单位体积中会有增加的沉积颗粒体积。因此，陶瓷过滤器的压降随着实际过程中孔隙率的降低而增加。实际上，这些沉积炭黑可以改变初始参数，例如孔隙率、比表面、表观速度和厚度。因此，应修改具有恒定压降的 Ergun 方程，以适应由于特定沉积物引起的非稳态压降的需要。为了从式（6-1）中获得瞬态模型，可以引入参数 α 来表示陶瓷颗粒加权调和平均直径的六分之一，然后合成孔隙率 $\varphi = \varphi_0 - \sigma/(1 - \varphi_p)$，其中 σ 为比截留量（每单位体积陶瓷过滤器沉积的颗粒体积），φ_0 为陶瓷孔隙率，φ_p 为烟灰孔隙率。在 Ergun 方程的基础上，考虑到颗粒沉积物的压降可表示为：

$$\frac{|\Delta p|}{\delta} = \frac{150 \mu \left(\dfrac{S}{\alpha}\right)^2 u_{\mathrm{f}}}{\alpha_{\mathrm{c}}^2 \left(1 - \dfrac{S}{\alpha}\right)^3} + \frac{1.75 \rho \left(\dfrac{S}{\alpha}\right) u_{\mathrm{f}}^2}{\alpha_{\mathrm{c}} \left(1 - \dfrac{S}{\alpha}\right)^3} \tag{6-3}$$

式中　S——比表面积，$S = \alpha (1 - \varphi)$；

　　　μ——烟气动力黏度；

　　　ρ——烟气密度；

　　　u_{f}——陶瓷过滤速度。

根据 Zamani 等对特定表面的经验表达式[23]，过滤器的比表面与 Ives 提出的过滤系数呈线性关系[24]。过滤系数可表示为：

$$\frac{S}{S_0} = \frac{\lambda}{\lambda_0} = \left(1 + \alpha \frac{\sigma}{\varphi_0}\right)^{k_a} \left(1 - \frac{\sigma}{\varphi_0}\right)^{k_b} \left(1 - \frac{\sigma}{\sigma_{\max}}\right)^{k_c} \tag{6-4}$$

式中　　S_0——初始比表面积；

　　　　λ_0——初始渗滤系数；

　　　$\sigma_{\max}$——最大比截留量；

k_a，k_b，k_c——值为 0 或 1 的无量纲指数。

因此，压降和细颗粒沉积物之间的关系可以由以上关系式来表示。为了预测实际运行过程中压降的变化，就必须构建相应的压降-过滤时间关系式。Maroudas 等根据实验提出了一个缓慢渗滤模型，以描述滞留于过滤器细颗粒的浓度分布，引入该模型可以将时间的变化转化为比截留量的变化，从而将基于时间变化的压降模型转化为了基于比截留量变化的压降模型。

$$\frac{\partial c}{\partial \delta} = -\lambda c \tag{6-5}$$

式中 λ——渗透系数，$\lambda = \lambda_0(1 + \alpha\sigma/\varphi_0)(1 - \sigma/\varphi_0)$；

  δ——陶瓷过滤管厚度。

联立式（6-4）和式（6-5）求解，可得到考虑特定沉积物影响的压降变化规律。

（2）原位炭黑厚度面构筑

在高温过滤时陶瓷过滤元件外表面上形成的积炭层厚度决定了其表面形态，由于系统压降与炭黑层厚度密切相关，就传统的滤饼过滤理论而言，在高温陶瓷过滤时总压降与过滤速度之间的关系可以通过过滤介质的渗透阻力来表征。由于烟尘被陶瓷过滤器拦截并有部分在其外表面上形成积炭层，所以过滤介质实际上由两部分组成：陶瓷滤料和积炭层。因此，渗透阻力为陶瓷过滤器本身阻力和积炭层阻力之和，其表示为：

$$\Delta p = (k_1 + k_2 w)u \tag{6-6}$$

式中 k_1——洁净陶瓷过滤器流阻系数，$k_1 = \mu R_m$；

  k_2——积炭层比饼阻，$k_2 = \mu\bar{\alpha}$；

  R_m——多孔陶瓷阻力；

  $\bar{\alpha}$——积炭层平均阻力。

由此，陶瓷过滤器拦截的积炭质量为：

$$w = \frac{(\Delta p/u - k_1)}{k_2} \tag{6-7}$$

由于洁净陶瓷过滤管的流动阻力值保持不变，k_1 可由 Ergun 等[25]提供的经典流动阻力公式确定：

$$k_1 = C_t K^{-0.5}\varepsilon^{-1.5} \tag{6-8}$$

式中 ε——陶瓷过滤器孔隙率，可由陶瓷滤料的容积密度与真实密度推导；

  C_t——回归系数；

  K——渗透率。

相比之下，积炭层比饼阻与过滤速度有关。Dennis 等[26]报道，k_2 可以表达为以过滤速度 u 为自变量的经验公式：

$$k_2 = 1.81u^{0.5} \tag{6-9}$$

某一点的局部积炭层厚度可以表示为：

$$z = \frac{w}{\rho_b A} \tag{6-10}$$

式中　A——某一采样点的局部面积。

由此，可得积炭采样点的原位厚度表达式为：

$$z = \frac{\Delta p / u - C_t K^{-0.5} \varepsilon^{-1.5}}{1.81 u^{0.5} \rho_b A} \tag{6-11}$$

纵向采样点 $b_1 \sim b_6$ 和周向采样点 $a_1 \sim a_6$ 的厚度值可以用式（6-11）计算得到。表 6-2 中列出了相关实验参数。

表 6-2　积炭层采样点厚度测算实验参数

参数	值	单位	参数	值	单位
入口浓度 C_{in}	2.258	g/m³	渗透率 K	2.91×10^{-9}	m²
容积密度 ρ_b	1.325	g/cm³	回归系数 C_t	1.16×10^{-7}	Pa·s
真实密度 ρ_p	1.014	g/cm³			

6.3　积炭层表面形态构建方法

6.3.1　构建表面形态

严格意义上，虽然实际随机粗糙表面与数学模型预测的结果是不同的，但积炭层的拓扑分形结构可以通过分形几何理论中具有两个变量的 W-M 函数来描述。W-M 函数中两个统计特性可以很好地应用于积炭层的几何重构：均匀性和相似性。当频率因子在 $0 \sim \infty$ 之间变化时，W-M 函数的相似性只能保持近似。即使选择了随机相，采用双变量的 W-M 函数进行微观表面重构时，由于其具有良好的相似性和均匀性，因此仍然能体现一定程度的规律性。为此，Ausloos 等[27]提出了一个多变量 W-M 函数的一般表达式，以此构建具有权重累加和分水岭随机叠加的积炭表面。

$$\Delta Z(x,y) = \frac{L^{3-D_f}}{G^{2-D_f}} \left(\frac{\ln \gamma}{M} \right)^{1/2} \sum_{m=1}^{M} \sum_{n=0}^{n_{max}} \gamma^{-(3-D_f)n}$$

$$\left(\cos \Phi_{m,n} - \cos \left(\left(\frac{2\pi \gamma^n (x^2 + y^2)^{1/2}}{L_a} \right) \cos \left(\tan^{-1} \left(\frac{y}{x} \right) - \frac{\pi m}{M} \right) + \Phi_{m,n} \right) \right) \tag{6-12}$$

式中　L_a——样本长度；

　　　G——与频率有关的高程倍率，称为分形粗糙度；

　　　γ——表面峰值频率密度，$\gamma > 1$；

　　　M——构筑面的分水岭数目；

　　　n——频率指数；

　　　$\Phi_{m,n}$——生成各向异性特征的随机相，$\Phi_{m,n} \in [0, 2\pi]$；

D_f——分形维数。

为应用赫兹理论确定粗糙微接触面上的接触应力，只采用粗糙微接触面处最大的波长来计算接触应力[28]。由此，最小波长不得小于截面长度 L_s，约为 100 个栅格的距离。这样，将最高频率设置为 $1/L_s$，且 n 的上限由下式给出：

$$n_{max} = \mathrm{int}\left[\frac{\lg(L_a/L_s)}{\lg\gamma}\right] \tag{6-13}$$

式中 $\mathrm{int}[\cdots]$——括号内表达式的最大积分值。

采用上述方法构建出积炭层表面形貌。表 6-3 列出了根据式（6-12）构建面积为 $1\mu m^2$ 陶瓷过滤元件外表面上积炭层表面形态的基本参数。为了获得接近实际的表面，应用 Ausloos 等所给参数作为建模统计参数[27]。Zhao 等[29]的研究表明，叠加分水岭峰数 M 应超过 3，这样才能比较接近真实表面。由于分形维数是构建微观表面的重要影响因素，本研究中主要由盒子计数方法来确定。为了在烟灰层表面的任何点保持不同频率的微观各向异性，随机数 $\Phi_{m,n} \in [0，2\pi]$ 由随机数函数来生成[30]。

表 6-3 构建积炭层粗糙面基本参数值

参数	值	单位	参数	值	单位
样本长度 L_a	1	μm	分水岭数目 M	10	—
高程倍率 G	13.6	pm	截面长度 L_s	0.01	μm
空间密度频率 γ	1.5	—			

6.3.2 积炭层粗糙度预测

分水岭表面的绝对值和平均平面的算术平均值之间的平均偏差可以表示为测试点处的微观表面高度的平均值（AV），其表达式为：

$$\Delta Z_{AV} = \frac{1}{N}\sum_{i=1}^{N} |\Delta Z_i| \tag{6-14}$$

从平均数据平面得到的高度偏差的均方根（RMS）可以表示测试点处微观表面的粗糙度，其表达式为：

$$\Delta Z_{RMS} = \sqrt{\frac{\sum_{i=1}^{N}\Delta Z_i^2}{N}} \tag{6-15}$$

对于粗糙积炭层微观表面，表面形貌是不均一的。在这种情况下，首先应从纵向和周向确定 ΔZ_i。这种方法的优点是不相关分布和微观表面高度的标准偏差考虑了均方根高度并且具有继承性。

6.4 分形维数推演

根据 4.4.4 节所介绍的分形维数的推演方法，可以确定沿圆周方向[图 6-2(a)]和纵向[图 6-2(b)]的分形维数分布面。根据盒子计数分析，分形维数值随着陶瓷盒的长度呈指数增长。在 $0 \sim 400\text{mm}$ 范围内，D_f 值在纵向上的变化不明显，$L > 400\text{mm}$ 时，随着长度的增加而迅速增长。表明陶瓷过滤元件的大部分外表面都被高维细颗粒覆盖，因为细颗粒，特别是斯托克斯颗粒，更容易受到范德华力、静电力和液体桥接力的影响而凝固，而低维度大颗粒受重力影响较大。考虑到陶瓷盒外表面上的纵向和周向采样点，采用样品数据通过三次插值获得分形维数曲面[图 6-2(c)、(d)]。借助插值曲面，在笛卡尔坐标系中以纵向长度和圆周角为独立变量的整个外表面分形维数分布清晰呈现出来。通过分析，最大分形维数值（$D_f = 2.459$）位于背风侧的最上端点，最小分形维数值（$D_f = 2.026$）位于迎风侧的最低点。

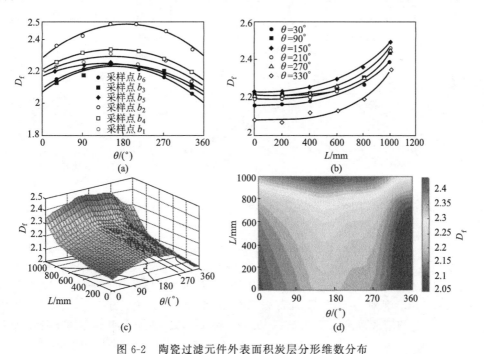

图 6-2　陶瓷过滤元件外表面积炭层分形维数分布
(a) 周向分布曲线；(b) 纵向分布曲线；(c) 分形维数曲线；(d) 分形维数投影云图

6.5 积炭层厚度推演

6.5.1 积炭层压降

  图 6-3（a）为三种类型的过滤元件的 $\Delta p\text{-}\sigma$ 图。通过观察，随着 σ 值的增加，Δp 的值逐渐增大。在早期阶段，它表现出相对较低的变化，Δp 的增长率在后期不断上升。很多学者[31,32]提供了这两部分的总压降表达式：

$$\Delta p = \Delta p_{\text{filter}} + \Delta p_{\text{cake}} \tag{6-16}$$

式中 Δp_{filter}——陶瓷过滤元件固有压降；

   Δp_{cake}——积炭层压降。

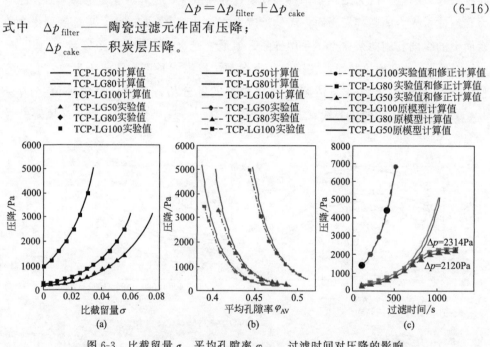

图 6-3 比截留量 σ、平均孔隙率 φ_{AV}、过滤时间对压降的影响

$$(Q=1518\text{m}^3/\text{h}, \ c_0=2.420\text{g}/\text{m}^3)$$

  如果用 φ_{AV} 表示陶瓷孔隙率和积炭孔隙率组成的平均孔隙，用 φ_{AV} 计算所得压降替换陶瓷与积炭压降之和，则计算将被简化。图 6-3（b）显示了由三种类型的过滤器引起的颗粒沉积引起的 φ_{AV} 对压降的影响。如果将压降控制允许范围内（$\Delta p < 3\text{kPa}$），则对三种型号的陶瓷过滤元件 TCP-LG50、TCP-LG80 和 TCP-LG100，φ_{AV} 的值应分别大于 0.456、0.431 和 0.395。结果表明压降随 σ 的增加而增加，随 φ_{AV} 的减小而增加，这与 Kim 等[33]的理论和实验结果是一致的。

  同样地，过滤时由于 σ 不断变化，从而会影响到 Δp 的大小。积炭沉积量的大小主要取决于沉积的时间及炭黑与壁面的黏附性，图 6-3（c）显示了三种类型陶瓷元件的过滤时间对 Δp 的影响。显然，具有最大壁厚和最大积炭比截留量的 TCP-

LG100 所产生的压降最大。通过观察发现，TCP-LG50 和 TCP-LG80 的陶瓷过滤元件在 600s 时会出现与计算模型存在一定的偏差，这是因为在改进的模型中通过实验考虑了过滤器壁上颗粒的脱落。如 TCP-LG50 和 TCP-LG80 的修正图所示，Δp 的值随着初始阶段时间的缓慢增加，开始增加速度较快，随后增速逐渐变缓并最终接近一个恒定值。这是因为过滤初始阶段气流主要穿过清洁陶瓷过滤器，其表面附着的积炭量较少，阻力相对也会比较低，随着过滤时间的增加，积炭逐渐变厚导致孔隙率急剧降低，这样就会导致压力急剧增加。当积炭黏附到一定程度，由颗粒形成的聚集体的重力比聚集体之间的结合力大得多，其粘连下降后过滤的炭黑不再在积炭层表面覆盖累加，而是直接表现为脱落状态，这时压降增速也就逐渐变缓直至不再增加。相比之下，使用 TCP-LG50 的 Δp 值略小于 TCP-LG80 的值，这意味着孔隙率比壁厚对压降造成的影响大。

6.5.2 积炭层厚度曲面构建

随着过滤时间的增长，在陶瓷过滤元件表面逐渐会形成一个具有一定厚度的积炭层，因此研究每个采样点处的厚度是很有必要的。在陶瓷过滤过程中，对气流的阻力包括过滤材料和积炭层的阻力，并且积炭层阻力会随着滤饼厚度的增加而增加，因此，气体渗滤速度取决于初始积炭层覆盖率[32]。根据 PIV 实验获得的数据，采用 Matlab 软件可绘制渗滤速度的曲面图（图 6-4）。从等高线曲线图可以清楚地观测速度分布规律。通过观察发现渗滤速度场是一个具有鞍形特征的曲面，在小丘顶部具有最大值（$u=2.08\text{m/s}$）。此外，速度场相对于对称轴近似对称，并且纵向分布呈现从底部到顶部的减小趋势。根据实验确定的参数和已知速度分布面，可以由式（6-11）得到积炭层的宏观厚度分布（图 6-5）。由图可知，陶瓷过滤元件迎风面的积炭层覆盖率明显高于背风面，而陶瓷过滤元件底部积炭凝聚程度高于顶部，最大值（2.102mm）出现在迎风侧的底部采样点，平均厚度为 0.274mm。

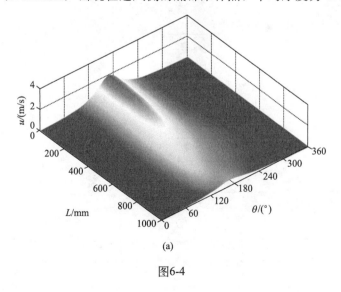

(a)

图6-4

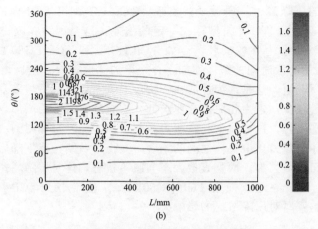

(b)

图 6-4 由 PIV 实验所得积炭层外表面渗滤速度分布示意图

(a) 速度曲线；(b) 速度等高线

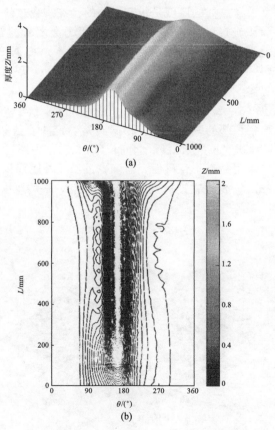

图 6-5 陶瓷过滤元件外表面积炭层厚度分布

(a) 厚度分布曲面；(b) 厚度分布等高线

6.6 微观表面分形重构

6.6.1 微观粗糙构造面

根据式（6-12），构建了面积为$1\mu m^2$积炭层的三维粗糙分形表面（图6-6）。显然，具有分形维度的生成表面具有随机性、不规则性和各向异性的特征，与欧几里德维度相比，分形维度构建表面与真实的粗糙表面非常相似。为了对不规则粗糙表面量化描述，可以通过式（6-14）和式（6-15）计算出ΔZ_{AV}和ΔZ_{RMS}来表征微观面的粗糙度。采样点$a_1 b_2$（$\theta = 30°$，$L = 200mm$）的重构曲面图，如图6-6所示，评估构造形态特征的主要参数列于表6-4中。可以看出，当分形维数值从2.13

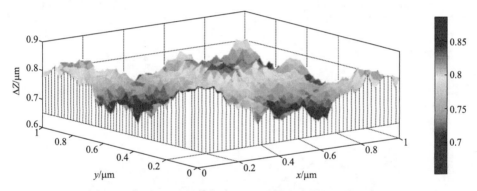

图6-6 应用W-M函数构建$a_1 b_2$采样点处的微观分形表面

变化到2.44时，构造表面的ΔZ_{AV}和ΔZ_{RMS}会在$0.06 \sim 1.36\mu m$之间变化，这表明炭黑在凝聚形成积炭层微观表面时，其粗糙度与分形维数密切相关。同样地，ΔZ_{RMS}与分形维数在纵向采样点和周向采样点均存在此类关系，并且重构面的表面平均粗糙度会随着分形维数的减小而增加，这表明由大颗粒炭黑聚集的滤饼层具有更低的维度和更粗糙的微观拓扑结构。由此可知，纵向采样点处的分形表面从上到下变得更粗糙，而周向采样点处的分形表面从迎风侧到背风侧变得更平滑。图6-7显示了构造表面粗糙度与分形维数的关系。由图可知，尽管$\Phi_{m,n}$采用的随机值，采用式（6-12）所构造表面的粗糙度随着分形维数在$2.1 \sim 2.5$的范围内呈指数下降趋势。根据以往文献表明，炭黑聚集形成的积炭层的分形维数一般处于$1.2 \sim 2.6$内[34]。在本研究中，积炭层的分形维数所处范围为$2.026 \sim 2.459$，这表明由于持续过滤和反吹清灰操作会导致积炭层分形维数发生改变，从而使得积炭层表面粗糙度随气体流量和碰撞频率而发生变化。因此，通过构造粗糙的分形表面，有助于进一步深入研究炭黑在陶瓷过滤过程中的团聚形成积炭机理。

表 6-4　构造表面的主要参数

采样点	$u/(\text{m/s})$	Z/mm	D_f	$\Delta Z_{AV}/\mu\text{m}$	$\Delta Z_{RMS}/\mu\text{m}$
a_1	0.646	3.046	2.211	0.6352	0.6360
a_2	0.471	1.066	2.251	0.4229	0.4235
a_3	0.362	0.654	2.290	0.2848	0.2852
a_4	0.201	0.178	2.269	0.3522	0.3527
a_5	0.405	0.445	2.250	0.4269	0.4274
a_6	0.857	2.010	2.137	1.3550	1.3567
b_1	2.063	0.706	2.181	0.8633	0.8644
b_2	1.927	1.601	2.194	0.7554	0.7564
b_3	1.509	2.045	2.208	0.6550	0.6558
b_4	1.014	2.096	2.232	0.5129	0.5135
b_5	0.646	2.025	2.285	0.2994	0.2998
b_6	0.612	1.930	2.438	0.0647	0.0648

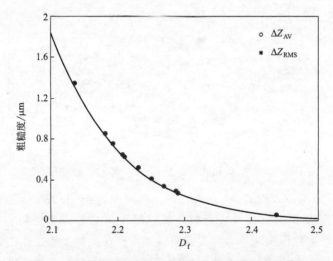

图 6-7　积炭层构造表面粗糙度随分形维数的变化规律

6.6.2　构造面与真实表面的对比

图 6-8 显示了陶瓷过滤元件表面采样点 $a_1 b_2$ 处的积炭层表面微观形态的 AFM 图像。显然，积炭层微观表面的粗糙度显示了一定无序性和随机性，且具有明显的自相似分形特征。由于粗糙表面切面轮廓线具有不规则性，无法采用一个准确的函数来表示表面粗糙度的凸起或凹陷的起伏变化规律[35]，因此采用传统方法构造积炭层微观表面是非常困难的。

为了研究表面形态分布特征，分别设置了 X-Y 视图的四个纵向切面和四个水

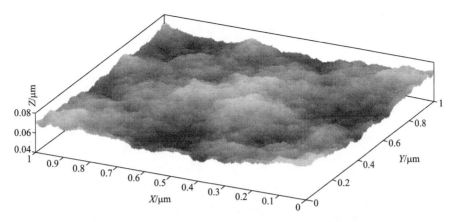

图 6-8　陶瓷过滤元件表面积炭层 AFM 电镜立体视图

平切面，X-Z 视图和 Y-Z 视图的粗糙表面轮廓如图 6-9 所示。显然，所有轮廓都表现出紊乱的非线性规律。通过观察，粗糙表面特征主要存在各向异性和自相似性。为了研究真实积炭层表面的分形特征，通过如图 6-10（a）所示的计算获得粗糙表面的平均轮廓，其频谱强度可用来表示微观表面的粗糙度谱函数，其频谱密度函数表达式为[35]：

$$\lg[S(\omega)]=(5-2D_{real})\lg(\omega)+\{2(D_{real}-1)\lg(G)-\lg[2\ln(\eta)]\} \qquad (6\text{-}17)$$

式中　$S(\omega)$——频谱强度；

　　　ω——微观表面的粗糙频率；

　　　D_{real}——微观表面的真实分形维数；

　　　η——频谱函数决定性参数。

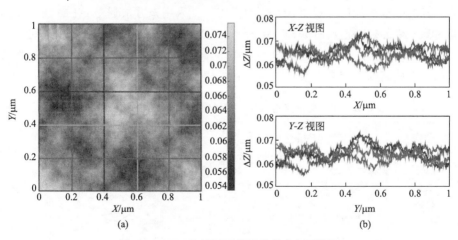

图 6-9　AFM 电镜平面视图及纵向切面视图

（a）AFM 俯视图；（b）X-Z 和 Y-Z 向切面视图

利用快速傅里叶变换（FFT）计算上述平均分布的功率谱，并用双对数坐标系

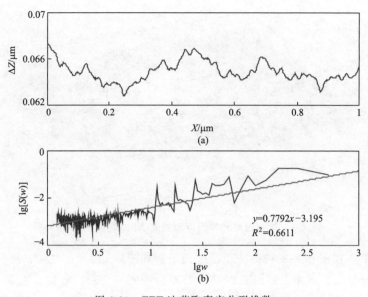

图 6-10　FFT 法获取真实分形维数

(a) 切面平均高度分布；(b) FFT 频谱响应曲线

表示结果，如图 6-10 (b) 所示。通过回归分析得到的斜率和截距值分别为 0.7792 和 3.195，由此可得真实分形维数值 D_{real}=2.1104，其结果与采样点 a_1b_2 处构造表面分形维数非常接近（D_f=2.194），结果表明绝对误差（AE）为 0.0836，相对误差（RE）为 3.81%（<5%）。虽然通过快速傅里叶变换的回归数据具有很大色散，使得平方根差异较大（0.6611<0.9），但由于复杂表面难以重构以显示真实的微观形态，因此 FFT 变换的回归依然是一种广泛接受的理论，由此 W-M 数是一个非常好的模拟积炭层微观粗糙表面数学工具。采用该方法通过 AFM 图像研究了陶瓷过滤元件外表面上所有采样点的分形维数，结果如表 6-5 所示。由表可知，实际表面与构造表面之间的所有偏差都小于 5%，这表明采用 W-M 函数的构造微观粗糙面具有较高的置信度，可用于模拟积炭层的微观形态。

表 6-5　AFM 电镜所得真实分形维数与构造面分形维数的比较

采样点	D_{real}	D_f	绝对误差	相对误差 RE/%
a_1	2.151	2.211	0.0598	2.70
a_2	2.188	2.251	0.0635	2.82
a_3	2.371	2.290	0.0805	3.52
a_4	2.336	2.269	0.0669	2.95
a_5	2.184	2.250	0.0656	2.92
a_6	2.064	2.137	0.0729	3.41
b_1	2.121	2.181	0.0598	2.74
b_2	2.110	2.194	0.0836	3.81

续表

采样点	D_{real}	D_f	绝对误差	相对误差 RE/%
b_3	2.287	2.208	0.0793	3.59
b_4	2.166	2.232	0.0658	2.95
b_5	2.349	2.285	0.0642	2.81
b_6	2.377	2.438	0.0614	2.52

6.7　本章小结

在本章中，提出了燃烧室与 RCF 系统串联的设计方案和相应的测试方法，以获取构造积炭层微观粗糙表面的关键参数。其采样点的设置为纵向迎风面从上到下选取 6 个点，沿周向处选取 6 个点。通过 PIV 实验确定积炭层表面渗滤速度，由 JSM-6700F 场发射扫描电子显微镜拍摄分形显微照片，并通过 AFM 得到真实的微观表面图像。应用盒计数方法得到纵向与周向采样点的分形维数，基于 W-M 函数对陶瓷过滤元件表面积炭层微观表面进行重构，通过计算粗糙表面的 ΔZ_{AV} 和 ΔZ_{RMS} 来研究采样点粗糙度。为了验证该方法的有效性，将构造表面与 AFM 电镜所得真实表面进行比较。结果表明，构造表面与积炭层真实表面的所有粗糙度偏差均不超过 5%，这表明构造表面的微观形貌可用于评估烟气与积炭层之间微观分界面上的相互作用。

参考文献

[1] Simeone E，Siedlecki M，Nacken M，et al. High temperature gas filtration with ceramic candles and ashes characterisation during steam-oxygen blown gasification of biomass. Fuel，2013，108：99-111.

[2] Zhong Z，Xing W，Li X，et al. Removal of organic aerosols from furnace flue gas by ceramic filters. Industrial & Engineering Chemistry Research，2013，52（15）：5455-5461.

[3] Nacken M，Ma L，Engelen K，et al. Development of a tar reforming catalyst for integration in a ceramic filter element and use in hot gas cleaning. Industrial & Engineering Chemistry Research，2007，46（7）：1945-1951.

[4] Heidenreich S. Hot gas filtration – A review. Fuel，2013，104：83-94.

[5] De Freitas N L，Goncalves J a S，Innocentini M D M，et al. Development of a double-layered ceramic filter for aerosol filtration at high-temperatures：The filter collection efficiency. Journal of Hazardous Materials，2006，136（3）：747-756.

[6] Choi H-J，Kim J-U，Kim S H，et al. Preparation of granular ceramic filter and prediction of its collection efficiency. Aerosol Science and Technology，2014，48（10）：1070-1079.

[7] Zhang W，Li C-T，Wei X-X，et al. Effects of cake collapse caused by deposition of fractal aggregates on pressure drop during ceramic filtration. Environmental Science & Technology，2011，45（10）：

4415-4421.

［8］ Li C-T, Zhang W, Wei X-X, et al. Experiment and simulation of diffusion of micron-particle in porous ceramic vessel. Transactions of Nonferrous Metals Society of China, 2010, 20 (12): 2358-2365.

［9］ Chen C, Huang W. Aggregation kinetics of diesel soot nanoparticles in wet environments. Environmental Science & Technology, 2017, 51 (4): 2077-2086.

［10］ Miceli P, Bensaid S, Russo N, et al. Effect of the morphological and surface properties of CeO2-based catalysts on the soot oxidation activity. Chemical Engineering Journal, 2015, 278 (Supplement C): 190-198.

［11］ Kim S C, Wang J, Shin W G, et al. Structural properties and filter loading characteristics of soot agglomerates. Aerosol Science and Technology, 2009, 43 (10): 1033-1041.

［12］ Ergun S. Fluid flow through packed columns. Chem. Eng. Prog., 1952, 48: 89-94.

［13］ Konstandopoulos A G, Skaperdas E, Masoudi M. Microstructural properties of soot deposits in diesel particulate traps. SAE Technical Paper, 2002.

［14］ Saffaripour M, Chan T W, Liu F, et al. Effect of drive cycle and gasoline particulate filter on the size and morphology of soot particles emitted from a gasoline-direct-injection vehicle. Environ Sci Technol, 2015, 49 (19): 11950-11958.

［15］ Ausloos M, Berman D H. A multivariate Weierstrass-Mandelbrot function. Proceedings of the Royal Society of London. A. Mathematical and Physical Sciences, 1985, 400 (1819): 331.

［16］ Liu P, Zhao H, Huang K, et al. Research on normal contact stiffness of rough surface considering friction based on fractal theory. Applied Surface Science, 2015, 349: 43-48.

［17］ So G-B, So H-R, Jin G-G. Enhancement of the box-counting algorithm for fractal dimension estimation. Pattern Recognition Letters, 2017, 98: 53-58.

［18］ Tang S W, He Z, Cai X H, et al. Volume and surface fractal dimensions of pore structure by NAD and LT-DSC in calcium sulfoaluminate cement pastes. Construction and Building Materials, 2017, 143: 395-418.

［19］ Liu J, Jiang X, Huang X, et al. Morphological characterization of superfine pulverized coal particles. 1. Fractal Characteristics and Economic Fineness. Energy & Fuels, 2010, 24 (2): 844-855.

［20］ Afzal P, Alghalandis Y F, Moarefvand P, et al. Application of power-spectrum-volume fractal method for detecting hypogene, supergene enrichment, leached and barren zones in Kahang Cu porphyry deposit, Central Iran. Journal of Geochemical Exploration, 2012, 112: 131-138.

［21］ Perrier E, Bird N, Rieu M. Generalizing the fractal model of soil structure: the pore-solid fractal approach. Geoderma, 1999, 88 (3): 137-164.

［22］ Bird N, Perrier E. The pore-solid fractal model of soil density scaling. European Journal of Soil Science, 2003, 54 (3): 467-476.

［23］ Zamani A, Maini B. Flow of dispersed particles through porous media — Deep bed filtration. Journal of Petroleum Science and Engineering, 2009, 69 (1): 71-88.

［24］ Ives K J, Pienvichitr V. Kinetics of the filtration of dilute suspensions. Chemical Engineering Science, 1965, 20 (11): 965-973.

［25］ Ergun S, Orning A A. Fluid flow through randomly packed columns and fluidized beds. Industrial & Engineering Chemistry, 1949, 41 (6): 1179-1184.

［26］ Dennis R, Cass R W, Hall R R. Dust dislodgement from woven fabrics versus filter performance. Journal of the Air Pollution Control Association, 1978, 28 (1): 47-52.

［27］ Ausloos M, Berman D H, Berry Michael V. A multivariate Weierstrass-Mandelbrot function. Proceedings of the Royal Society of London. A. Mathematical and Physical Sciences, 1985, 400 (1819): 331-350.

[28] Yan W, Komvopoulos K. Contact analysis of elastic-plastic fractal surfaces. Journal of Applied Physics, 1998, 84 (7): 3617-3624.

[29] Zhao L, Yang L, Lin H, et al. Modeling three-dimensional surface morphology of biocake layer in a membrane bioreactor based on fractal geometry. Bioresource Technology, 2016, 222: 478-484.

[30] Komvopoulos K, Yan W. A fractal analysis of stiction in microelectromechanical systems. Journal of Tribology, 1997, 119 (3): 391-400.

[31] Dittler A, Ferer M V, Mathur P, et al. Patchy cleaning of rigid gas filters—transient regeneration phenomena comparison of modelling to experiment. Powder Technology, 2002, 124 (1): 55-66.

[32] Ju J, Chiu M-S, Tien C. Further work on pulse-jet fabric filtration modeling. Powder Technology, 2001, 118 (1): 79-89.

[33] Kim J-H, Liang Y, Sakong K-M, et al. Temperature effect on the pressure drop across the cake of coal gasification ash formed on a ceramic filter. Powder Technology, 2008, 181 (1): 67-73.

[34] Martos F J, Lapuerta M, Expósito J J, et al. Overestimation of the fractal dimension from projections of soot agglomerates. Powder Technology, 2017, 311: 528-536.

[35] Zhang M, Chen J, Ma Y, et al. Fractal reconstruction of rough membrane surface related with membrane fouling in a membrane bioreactor. Bioresource Technology, 2016, 216: 817-823.

第7章

陶瓷过滤等效平均孔隙率数值模型

7.1 引言

近年来，微孔陶瓷过滤器由于过滤效率高、高温高压阻抗性好、刚性高以及耐腐蚀性等良好性能，逐渐引起了广大研究者的关注。随着这种刚性陶瓷过滤器在许多废热发电厂[1]的废气净化方面的应用日益广泛，对这种陶瓷过滤器在过滤过程中阻力的研究非常重要。由于过滤效率与压降损失是过滤器的两个重要指标，通过一个合理的理论模型来预测这些参数或者通过实验进行统计分析是非常有必要的。

很多研究者对于除尘装置的捕捉机理、过滤性能以及阻力特征做了大量的研究[2-7]，这些研究表明，气溶胶颗粒滞留于陶瓷过滤器的表面，使得过滤材料的孔隙率、比表面以及微孔孔容等的变化对过滤性能都有很大的影响。相应地，污染物的沉积及其微观形态的多样性将会影响到污染物的传质过程并引起过滤阻力发生变化。Ergun 得出了一维流体流经颗粒材料填充床的压降方程[8]，该方程已在化工领域中应用得非常广泛[8-11]。

在过滤材料性能不发生改变的情况下（即不考虑粉尘的累积），采用 Ergun 方程所计算的过滤系统的压降能很好地预测过滤器的性能。然而，当考虑到粉尘在除尘器过滤元件表面的滞留作用时，所得计算结果的解析解总会存在一些偏差，烟尘中的颗粒物在过滤元件表面的沉积可能是由很多机理引起的，如过滤截留（即一个颗粒被一个比它本身尺寸小的孔隙滞留）、静电引力（双极板层静电场产生的力）、重力沉降、范德华力桥接以及扩散等[12]。粉尘颗粒不断地沉降使得一部分超细颗粒渗透进入多孔介质中的过滤颗粒之间的孔隙中，这样使得过滤元件的孔隙也持续发生变化，即过滤区域中的孔隙率、比表面以及孔容等均会发生改变。这就使得过滤系统随着不断变化的孔隙率而变化的真实压降很难通过实验或普通经验方程的方法获得。实际上，许多研究者对这些瞬态过程做了很多研究，如 Thomas 等通过实验与模型对沉降的气溶胶颗粒阻塞纤维除尘器孔隙时的压降变化[13,14]，Kim 等的研究描述了过滤器表面颗粒物沉降与脱附现象[15]，Chi 等调查了在过滤清灰循环周期内陶瓷过滤器表面的颗粒物的沉降渗透过程[16]，Kamiya 等研究了采用陶瓷过滤器捕集含尘气体中的粉尘时系统压降持续增长的现象[17]。虽然这些前人的研究工作已经让我们在采用刚性陶瓷过滤器过滤含尘气体过程中压降的增长有了更深一层的认识，但是，目前还没有很满意的方法来预测压降随过滤条件改变的变化。

　　本章的主要工作是基于 Ergun 方程构建一个新颖的预测模型来量化捕集粉尘在陶瓷过滤元件表面的沉降与脱落过程，并由此预测粉尘沉降与脱落对压降的影响，并且设计一种新颖的悬挂装置来通过实验测定比截留量随时间的变化，从而可以得出压降随比截留量的变化规律，进而得出压降随时间的瞬态变化规律，由于附着的粉尘一部分从管壁上脱落，因此该预测模型可根据比截留量实测数据的拟合方程进行修正，从而得到比较真实的压降变化规律。为了进一步研究在脉冲清灰的作用下连续过滤过程中粉尘沉降与脱落的动态过程，在多次清灰循环过程中测试了陶瓷过滤元件上的比截留量与压降的变化情况。最后，通过对动态过程的研究，分析了采用不同规格的陶瓷元件的过滤系统的清灰效率，以此来评价在初始阶段与稳定阶段的清灰特征。

7.2　比截留量修正压力模型

　　由于管道中的沿程阻力损失与局部阻力损失远小于过滤器的阻力，在计算无粉尘携带的洁净气流场过滤阻力时可以只考虑黏性阻力与惯性阻力，沿着流动方向的压降可以由 Ergun 方程进行计算：

$$\frac{|\Delta p|}{\delta}=\frac{150\mu}{a_c^2}\times\frac{(1-\varphi)^2}{\varphi^3}u_f+\frac{1.75\rho}{a_c}\times\frac{1-\varphi}{\varphi^3}u_f^2 \tag{7-1}$$

式中　　Δp——过滤压降；

　　　　μ——流体动力学黏度；

　　　　ρ——流体的密度；

　　　　φ——过滤材料的孔隙率；

　　　　u_f——流体的表观速度；

a_c——过滤材料颗粒的平均粒径；

δ——过滤深度。

这个计算式主要取决于一个假设，即在过滤时没有粉尘沉积在过滤器上。对于常压条件下，一般过滤器的进口与出口之间的 Δp 基本上保持稳定。然而一个持续增长的粉尘初层可能形成于过滤管的表面，这个粉尘初层会逐渐成为系统的主要过滤层。一般来说，过滤材料的孔隙随着比截留量的不断增大而逐渐变小，也就是说，每单位体积的过滤材料所沉积的颗粒物的体积逐渐变小[18]。因此，实际过程中陶瓷过滤器的 Δp 会随着孔隙率的减小而增大。实际上比截留量能够改变操作环境条件，如孔隙率、比表面、表观速度以及过滤厚度等。因而由于忽略了比截留量的影响而只考虑恒定 Δp 条件的 Ergun 方程应该进行修正以适合非稳态 Δp 的需要。比表面的表达式可以表示如下[19]：

$$S=(6/\overline{d})(1-\varphi) \tag{7-2}$$

式中，$\overline{d}$ 是陶瓷颗粒的加权调和平均直径。其表达式为：

$$\overline{d}=\sum a_{ci}^3 N_i / \sum a_{ci}^2 N_i \tag{7-3}$$

式中直径为 a_{ci} 的颗粒总共有 N_i 个。

可以引入一个参数 α 来代替 $6/\overline{d}$，于是比表面的表达式又可以表示为：

$$S=\alpha(1-\varphi) \tag{7-4}$$

孔隙率也可以表示为比截留量的一个函数形式[20]：

$$\varphi=\varphi_0-\frac{\sigma}{1-\varphi_{cake}} \tag{7-5}$$

式中，φ_0 是初始孔隙率；φ_{cake} 是粉饼孔隙率。

基于上述理论，Ergun 方程可由此转化为下列形式：

$$\frac{|\Delta p|}{\delta}=\frac{150\mu(\frac{S}{\alpha})^2 u_f}{a_c^2(1-\frac{S}{\alpha})^3}+\frac{1.75\rho(\frac{S}{\alpha})u_f^2}{a_c(1-\frac{S}{\alpha})^3} \tag{7-6}$$

根据 Zamani 等提出的比表面的经验公式[20]，可以计算出已知颗粒的加权调和平均直径的比表面，并且认为过滤器的比表面与渗滤系数有一个线性的关系存在，Ives 等也曾经报道过已知比截留量计算渗滤系数的方法[21]。渗滤系数的一般表达式可以由如下公式表示：

$$\frac{S}{S_0}=\frac{\lambda}{\lambda_0}=(1+\alpha\frac{\sigma}{\varphi_0})^Y(1-\frac{\sigma}{\varphi_0})^Z(1-\frac{\sigma}{\sigma_{max}})^X \tag{7-7}$$

式中　S_0——初始比表面积；

λ_0——初始渗滤系数；

$\sigma_{\max}$——最大比截留量；

X，Y，Z——仅可能为 0 或者 1 的无量纲参数。

方程右边的第一项乘数算子是由于局部沉积颗粒包覆在陶瓷颗粒的表面，使得过滤器中比表面不断增大，第二项乘数算子是由于粉尘在微孔内部沉积累积引起的过滤器的比表面不断地减少，第三项乘数算子是由于粉尘沉积，使得微孔横断面的面积不断减小引起的过滤速度的不断增大。如果比截留量接近于极限值（即最大比截留量），过滤器中的表观速度趋近于一个最大值，气固之间的传质状态保持一个总体平衡。

许多研究者根据他们的实验与理论研究结论做出了各种假设，为多孔介质的一般表面积公式无量纲参数 X、Y、Z 取值，Bai 等发现无量纲参数取值为 $X=0$、$Y=1$、$Z=1$ 更适合预测周围环境浓度变化产生时的非稳态渗滤系数[22]。因而比表面的表达式可以表示为：

$$S=S_0\left(1+\alpha\,\frac{\sigma}{\varphi_0}\right)\left(1-\frac{\sigma}{\varphi_0}\right) \tag{7-8}$$

因此，Δp 随比截留量的变化就很容易根据式（7-6）与式（7-8）得出。相应地，不同的初始参数值，诸如初始孔隙率 φ_0、陶瓷颗粒直径 a_c、陶瓷滤管厚度 δ 以及表观速度 u_f，都将产生不同的 Δp 值。于是，建立一个以 σ 为自变量的 Δp 函数可以更方便地预测实际操作条件的 Δp。

为了预测实际中压降的变化情况，建立一系列以时间为自变量的压降变化曲线是很必要的。由于超细颗粒的连续性，由粉尘初层中的气溶胶颗粒形成了许多颗粒间孔隙率与颗粒内孔隙率。为了准确地分析 Δp 曲线随时间的变化趋势，在一个特征单元体（REV）中的质量守恒可以用来构造模型中的污染物的质量平衡（图 7-1），也就是说，流入与流出的污染质量之差即等于特征单元体中增加的质量与颗粒缝隙中悬浮物的质量之和：

$$S_{\mathrm{rev}}u_f c\Delta t-S_{\mathrm{rev}}u_f(c+\Delta c)\Delta t=S_{\mathrm{rev}}\Delta\delta_{\mathrm{rev}}\rho_s\Delta\sigma+S_{\mathrm{rev}}\Delta c(\varphi_0-\sigma)\Delta\delta_{\mathrm{rev}} \tag{7-9}$$

式中　S_{rev}——REV 的流动截面积；

u_f——流体的表观速度；

c——污染物的浓度；

$\Delta\delta_{\mathrm{rev}}$——REV 的流动厚度；

Δt——流体在 REV 中的流动时间；

ρ_s——REV 的密度；

Δc——REV 中流入污染物浓度与流出染物浓度之差；

$\Delta\sigma$——REV 中增加的污染物的质量。

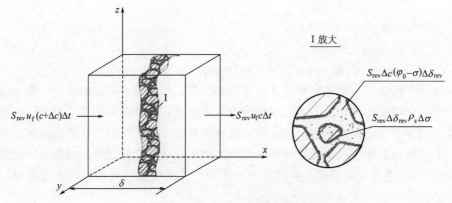

图 7-1　流经 REV 污染物的质量守恒示意图

通过归类整理方程两边相同的量，可以获得如下表达式：

$$-u_f\frac{\Delta c}{\Delta \delta_{rev}}=\rho_s\frac{\partial \sigma}{\partial t}+(\varphi_0-\sigma)\delta_{rev}\frac{\partial c}{\partial t} \tag{7-10}$$

由于在多孔介质孔隙中相对操作环境悬浮污染物的量极少，故上式的最后一项可以忽略，因此式（7-10）可以简化为：

$$-u_f\frac{\partial c}{\partial \delta_{rev}}=\rho_s\frac{\partial \sigma}{\partial t} \tag{7-11}$$

根据实验观察，Maroudas 等提出了如下一个渗滤方程来描述低速过滤时通过过滤器的颗粒物浓度的变化[23]，可以用这个方程来封闭式（7-11），从而构建一个压降变化的非稳态模型。

$$\frac{\partial c}{\partial \delta_{rev}}=-\lambda c \tag{7-12}$$

$$\lambda=\lambda_0\left(1+\alpha\frac{\sigma}{\varphi_0}\right)\left(1-\frac{\sigma}{\varphi_0}\right) \tag{7-13}$$

通过考虑渗滤的深度与多孔介质上污染加载的时间，在初始时间与时间无穷大的比截留量边界条件、零渗滤深度时的浓度边界条件可表示为：

BC1：$\qquad\qquad\sigma\mid_{t=0}=0,\sigma\mid_{t\to\infty}=\sigma_{max}$

BC2：$\qquad\qquad c(\delta_{rev},t)\mid_{\delta_{rev}=0}=c_0$

联立式（7-11）和式（7-12），可以得到以时间为自变量的非稳态函数：

$$F_x=\frac{1-\sigma/\varphi_0}{1+\alpha\sigma/\varphi_0}=\exp\left(-\frac{\lambda_0 u_f c_0 t(1+\alpha)}{\rho_s\varphi_0}\right) \tag{7-14}$$

联立解算式（7-6）和式（7-14），压降随时间的变化规律可以通过用比截留量的影响推导出来。

7.3 悬浮称重法获取比截留量

一个悬浮称重法获取比截留量实验装置的示意图如图 7-2 所示。这个装置包括了过滤系统和脉冲反吹系统。过滤系统中必要的组成元件包括螺旋发尘器、装置的主体与壳体部分、91 根陶瓷过滤管、积灰斗、卸灰闸板阀、引风机、风量调节阀以及其他的附属元件。脉冲反吹系统是由一个压缩泵、气体干燥器、空气滤清器、脉冲反吹储气囊、电磁阀、喷嘴和引射器组成。

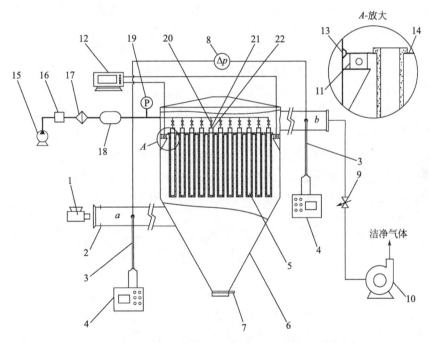

图 7-2 带悬浮称重总成的陶瓷过滤装置示意图

1—螺旋发尘器；2—静态压力环；3—标准毕托管；4—微电脑粉尘平行采样仪；

5—91 根陶瓷过滤管；6—积灰斗；7—卸灰闸板阀；8—数字压力计；

9—风量调节阀；10—引风机；11—称重传感器；12—数字质量显示器；

13—挡灰垫；14—管板；15—压缩泵；16—气体干燥器；17—空气滤清器；

18—脉冲反吹储气囊；19—压力计；20—电磁阀；21—喷嘴；22—引射器；a，b—测量断面

陶瓷过滤器装置主体上部为圆柱形、下部为圆锥形，其直径为 2m，总高为 3.2m。多孔陶瓷过滤管有三种规格（由江西全兴化学填料有限公司生产）：TCP-

LG50、TCP-LG80 及 TCP-LG100。91 根陶瓷过滤管均布在过滤器花板上，并且这些陶瓷管的物理性质列在表 7-1 中。

表 7-1　模型中所采用过滤材料的属性

陶瓷滤管	TCP-LG50	TCP-LG80	TCP-LG100
管壁厚度 δ/mm	10	15	20
陶瓷颗粒平均中位径 a_{cm}/μm	257	214	154
陶瓷管初始孔隙率 φ_0	0.53	0.47	0.42
陶瓷管尺寸(外径×内径×长度)/mm×mm×mm	50×30×700	80×50×700	100×60×700
过滤器中滤管数目	91	91	91
总过滤面积/m²	14.47	23.32	29.29

陶瓷过滤管与花板作为一个整体构成了由两个 PLD301 称重传感器（深圳市鹏力达科技有限公司生产）支撑的一个悬浮的部件，称为悬浮称重总成。通过这种设计，每一轮工作前后的质量差可以使用 PLD301 称重传感器和相应的 PLD-I 数字重量显示器（深圳市鹏力达科技有限公司生产）方便而又准确地读取。

形成于陶瓷过滤管表面的粉饼可以通过高压气体脉冲经由一系列的喷嘴以 0.63MPa 压力进行反吹使之脱落。脉冲反吹喷嘴包括许多安装在每根陶瓷滤管中心轴线上的 1/4in（1in＝2.54cm）直管。脉冲喷吹的气量为每个脉冲 3.79g 空气，脉冲持续时间为每个工作周期喷吹 160ms。喷嘴中心反吹压力波形如图 7-3 所示。经过反吹清灰之后，附着在管壁上的粉尘脱落掉入灰斗中。这样就可以按照上述方法称量出每轮实验悬浮称重总成过滤前后的质量差以及反吹前后的质量差。本实验中所用的粉尘为烟气中未燃尽的炭黑颗粒，燃煤锅炉炭黑样品主要是从湖南临澧县金太陶瓷厂获取。最终的炭黑样品元素分析的结果为：C 80.63%，O 17.12%，Al 0.74%和 Si 1.50%。

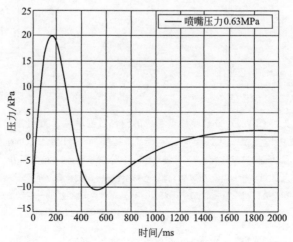

图 7-3　喷嘴中心反吹压力波形

本实验中，螺旋发尘器放置在进风管的入口处，初始粉尘的浓度在 $1.48\sim63.78g/s$ 的范围内变化。系统风量由引风机产生并由风量调节阀进行调节。含尘气体中的悬浮颗粒由过滤器的多孔陶瓷管拦截。在每一轮实验中，由两个 Y25-150 标准毕托管（江苏无锡全州气象仪器厂生产）与 SYT-2000V 微电脑数字压力计（上海贵谷仪器有限公司生产）一起测量进出风管的动压与全压，以便最终可以计算出系统的压降，由两台 TH-880Ⅵ 微电脑粉尘平行采样仪（武汉市天虹智能仪表厂）在 a 和 b 测量断面处在线测量进风管和出风管颗粒物的浓度。多次重复上述实验步骤以获得各个时刻各参数的值。在每一轮新的实验之前，陶瓷滤管都要充分地通过反吹进行清灰处理。实验中数据每 $10\sim20s$ 记录一次。反吹清灰的周期根据最大允许过滤浓度来确定。

可通过计算过滤前后的质量差并计算附着在陶瓷滤管的粉尘的体积分数来确定比截留量。使用实验数据计算比截留量的表达式如下：

$$\sigma = \frac{(M_A - M_B)/\rho_p}{V_c} \times 100\% \tag{7-15}$$

式中　M_A——过滤后悬浮称重总成的总质量；

　　　M_B——过滤前悬浮称重总成的总质量；

　　　ρ_p——粉尘颗粒的密度；

　　　V_c——陶瓷管组的总体积。

7.4　陶瓷过滤时间特性变化规律

7.4.1　非稳态函数 Fx 的时间特性

由于非稳态函数 Fx 隐含了不同操作条件下比截留量 σ 随 u_f 和时间变化的特征，因此研究非稳态函数 Fx 的时间特性对预测不同条件下所产生的比截留量是很有意义的。图 7-4 显示了在不同操作条件下 c_0 对非稳态函数 Fx 的时间特性曲线的影响。从图中可以看出，在给定的操作条件下，c_0 越高，则 Fx 的时间特性曲线弯曲越明显，即 c_0 越高则函数随时间的变化越大，这是由于 c_0 过高使得 σ 急剧增长，从而使得粉饼的 φ 迅速变小，粉饼厚度也随之增长较快，所以曲线在 c_0 较高时随着时间急剧减小。而且每根曲线的变化趋势是先急后缓，这是由于在过滤初始阶段过滤元件为洁净陶瓷管，这样在管壁上粉尘容易在多孔介质中渗透、堵塞微细孔道，并在陶瓷管外壁上累积，而在过滤很长一段后，陶瓷管表面的粉饼累积到一定的程度时，粉尘不能在其外表面上继续附着，而是从管壁上脱落下来，这时所有的新进入的含尘气体中的炭黑颗粒均与粉饼发生碰撞从而反弹落入灰斗中，只有少量的炭黑附着在粉饼表面，因此，此时的 Fx 时间特性曲线变化较缓。

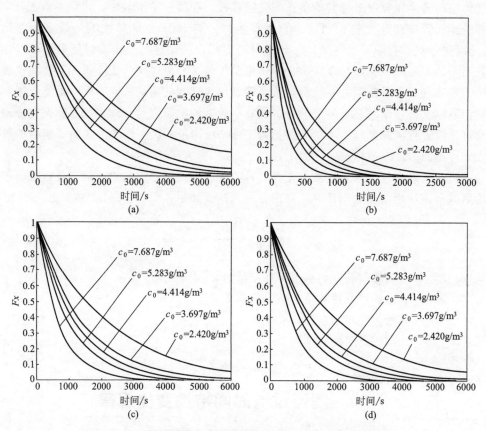

图 7-4　不同的操作条件下非稳态函数 Fx 的时间特性曲线
(a) $\varphi_0 = 0.43$，$a_c = 97\mu m$，$Q_f = 1518 m^3/h$；(b) $\varphi_0 = 0.43$，$a_c = 214\mu m$，$Q_f = 2317 m^3/h$；
(c) $\varphi_0 = 0.53$，$a_c = 97\mu m$，$Q_f = 2317 m^3/h$；(d) $\varphi_0 = 0.53$，$a_c = 214\mu m$，$Q_f = 1518 m^3/h$

通过比较不同操作条件下（初始孔隙率 φ_0、陶瓷滤料自然填充粒径 a_c、操作风量 Q_f）的 Fx 时间特性曲线，发现在 Q_f 较小的情况下，Fx 函数的持续时间较长。这是因为 Q_f 较小的情况下，在同一过滤截面积中的 u_f 相对会小一些，从而在同一过滤装置中产生的风压要比 Q_f 大的装置产生的风压小一些，从而 Q_f 较小的含尘气体要比 Q_f 较大的含尘气体的粉尘沉积速度慢一些，因而孔隙率与粉饼厚度的变化相对也要慢一些，这样 Fx 特性曲线维持的时间要久一些。

由图可知，φ_0 较大的多孔陶瓷管组成的过滤装置 Fx 特性曲线的持续时间较长。这是由于较大的初始孔体积使得在风速相同时初始孔隙容纳的粉尘等比质量较大，只有在粉尘不断地填充，使得滤管孔隙率与其他陶瓷管初始孔隙相等后，才能保持相同的变化趋势，因此相应地时间特性差异主要源于：粉尘填充粗孔隙→达到平均孔隙（与其他陶瓷管孔隙相同）。

通过比较具有不同自然颗粒粒径的陶瓷管，发现陶瓷粒径大的过滤器能获得较长的持续时间。这是由于陶瓷平均粒径越大，则与含尘气体中的颗粒碰撞概率就越大，炭黑与陶瓷颗粒发生碰撞之后，绝大部分被反弹而落入灰斗中，只有少部分会在范德华力的作用下被吸附在陶瓷颗粒表面，而那些没有与陶瓷颗粒发生碰撞的炭黑粒子会进入陶瓷颗粒之间的缝隙中，在穿越曲折变化的渐缩孔道时，或与孔壁碰撞沉积，或因渐缩孔道的孔径逐渐小于炭黑粒径，从而使得炭黑嵌入在孔道中，因此陶瓷颗粒粒径越大，粉尘越不容易被滞留在陶瓷管上，由此自然粒径较大的过滤器持续时间较长。

7.4.2 比截留量与粉饼孔隙率的时间特性

（1）比截留量理论时间特性

由于该计算模型是基于这样一个假设：粉尘与陶瓷管壁相碰撞后，即附着在过滤元件的表面。而实际过程中，气流中的无浸润粉尘与陶瓷管相碰撞后，仅有一部分会附着在过滤元件表面，而另外一部分会发生脱落，从而无法验证模型的正确性。为了解决这个问题，首先将陶瓷管壁进行润湿处理，使得粉尘与管壁相接触后绝大部分不会脱落，从而可以观测实验所得数据与模型计算曲线的重合度。

图 7-5 显示了含湿、含尘气流的 $\sigma\text{-}t$ 特性，通过计算发现比截留量呈现一个拟线性增长规律。通过实验测试与模型计算，所得结果与实测值的相对误差的最大值为 1.64%，最小值为 4.96%，平均值为 3.88%，实验结果与模型计算基本吻合。

从图中可以看出，在同一操作条件下，c_0 越大，则 σ 的增长速度越快（即过滤持续时间相对较短）。这主要是因为 c_0 越大，单位时间内与过滤元件接触的粉尘量越多，由于润湿粉尘的脱落率比较低，因此在管壁上的粉尘增长速度加快，从而使 σ 的速度增长加快。

而且初始孔隙率 φ_0 越大的情况下，过滤持续时间越长，相反，φ_0 越小则过滤持续时间越短。这是由于初始孔隙率较大的陶瓷管孔容量相对较大，从而容尘量也就相应较大。而且，当陶瓷颗粒平均中位径越大时，过滤持续时间长一些，这可能是由于陶瓷粒径越大，则与粉尘的碰撞概率就越大，从而粉尘嵌入在颗粒间缝隙中的概率就小一些，这样多孔介质的空隙接收粉尘达到饱和的时间就会久一些。

通过比较发现，在 Q_f 越大的情况下，粉尘的沉积速度越快。这是因为 Q_f 越大，在相同的过滤截面内的 u_f 就越大，使得单位时间内的粉尘传输量比较大，因而在单位时间内与陶瓷管相接触的粉尘量就比较多，由此在单位时间内产生的 σ 就会相应较大，因而 Q_f 越大，过滤持续时间也就越短。

模型计算结果虽然与润湿条件下的实验数据比较接近，然而与实际情况却有较大的差异，因为实际过程中的粉尘是从各种炉窑中挥发产生或由汽车尾气排放的，气流中的含尘颗粒较为干燥，因此粉尘与陶瓷管壁相碰撞后不会完全附着在过滤表面，该结果虽然不能用来作为计算压降时的输入，但还是有很高的参考价值。

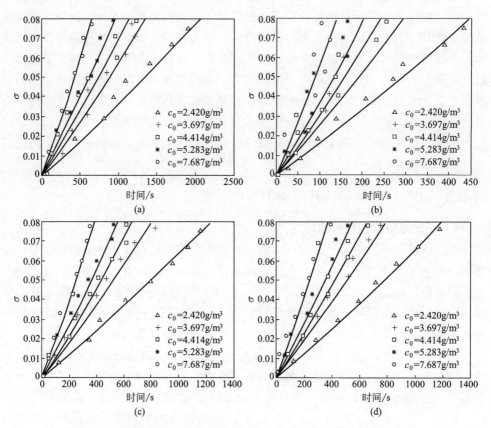

图 7-5 不同的操作条件下含湿、含尘气体的比截留量时间特性曲线

(a) $\varphi_0 = 0.43$，$a_c = 97\mu m$，$Q_f = 1518 m^3/h$；(b) $\varphi_0 = 0.43$，$a_c = 214\mu m$，$Q_f = 2317 m^3/h$；

(c) $\varphi_0 = 0.53$，$a_c = 97\mu m$，$Q_f = 2317 m^3/h$；(d) $\varphi_0 = 0.53$，$a_c = 214\mu m$，$Q_f = 1518 m^3/h$

（2）比截留量实际时间特性

在引风机正常工作时，当螺旋发尘器喷入粉尘颗粒之后，PLD-I 数字重量显示器在时为 30min 的实验过程中每隔 20s 进行一次采样。三种不同型号的陶瓷滤管在不同的过滤条件随着过滤时间变化如图 7-6 所示。

如果使用模型来计算 σ，明显 σ 随着时间呈现拟线性增长。尤其当操作环境中的 c_0 越大时，σ 随时间增长越剧烈。然而，事实上用模型计算的值与实验值存在一定的差别。图 7-6 所示的实验值在开始的时候与模型计算的较为吻合，但随着时间的增加，实验值逐渐偏离线性拟合曲线，也就是说，时间越长，σ 增加越少，最终在某一时刻不再增长，所以实验值会向一条水平渐近线靠拢，该水平渐近线将出现在 $\sigma = 0.115 \sim 0.12$ 的范围以内。这种现象说明，σ 并非如模型所计算的值一样一直不停地增长，由于粉尘的重力以及其他外力逐渐克服了粉尘内的范德华力，粉尘积累到一定的程度无法再继续附着在陶瓷滤管或粉尘初层的外表面，而是在这些力的作用下从滤管上脱落掉入积灰斗，当这种平衡出现时，接近水平渐近线的值将会产生。为了真实地描述 σ 随时间的变化规律，从而正确地反映出粉尘的附着对 Δp 的影响，将一系列的 σ 增长的趋势线进行拟合，拟合之后正确的 σ 变化趋势可以代入式（7-6）中计算 Δp 的变化，在各种 c_0 与 Q_f 条件下的 σ 的拟合方程以及相应的 R^2 如表 7-2 所示。

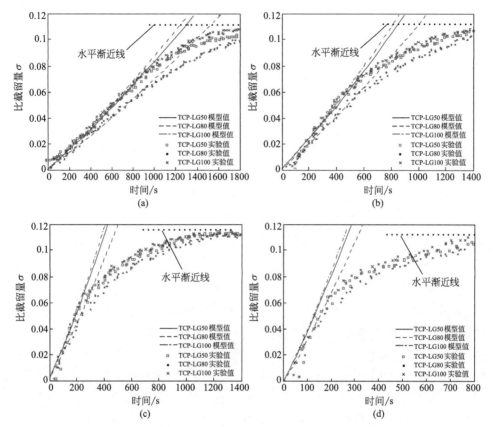

图 7-6　采用不同规格的陶瓷滤管作为过滤元件时比截留量的瞬态变化特征

(a) $c_0 = 2.420\mathrm{g/m^3}$，$Q_f = 1518\mathrm{m^3/h}$；(b) $c_0 = 2.420\mathrm{g/m^3}$，$Q_f = 2317\mathrm{m^3/h}$；

(c) $c_0 = 7.687\mathrm{g/m^3}$，$Q_f = 1518\mathrm{m^3/h}$；(d) $c_0 = 7.687\mathrm{g/m^3}$，$Q_f = 2317\mathrm{m^3/h}$

　　通过比较发现，不同陶瓷滤管对 σ 的影响远不如操作条件（不同的 c_0 与 Q_f）对它的影响大。由于较低的 Q_f 引起较小的 u_f，使得 σ 增长较为缓慢，因此相对而言，该条件下的过滤持续时间长一些。在很长的一段时间内，σ 的计算值与实验值都非常接近，这表明粉尘颗粒在洁净的陶瓷滤管上附着性比较强，在开始时一直持续在管壁上累积，由于刚开始时的范德华力远大于粉尘的外力作用，因此附着在管壁上的粉尘不易脱落，因而最初的计算值与实验都比较吻合。在图 7-6 (a)、(b)、(c) 和 (d) 的操作条件下，计算值与实验值的吻合时间分别约为 0～1000s、0～

600s、0～300s 和 0～200s。由此可知，较大的 u_f 与较高的 c_0 都会使得计算值与实验值吻合时间变得较短。

表 7-2　在不同入口浓度时比截留量随时间变化的回归函数

过滤管	$Q/(\mathrm{m^3/h})$	$c_0/(\mathrm{g/m^3})$	拟合方程 $\sigma=(p_1t^2+p_2t+p_3)/(t+q_1)$				R^2
			p_1	p_2	p_3	q_1	
TCP-LG50	1518	2.420	-1.24×10^{-4}	6.84×10^{-1}	-5.29×10^{-1}	5.51×10^3	0.9968
	1518	7.687	-2.93×10^{-6}	1.45×10^{-1}	-5.94	2.63×10^2	0.9964
TCP-LG80	1518	2.420	-3.07×10^{-4}	1.71	-2.67×10^2	1.64×10^4	0.9884
	1518	7.687	-8.70×10^{-6}	1.66×10^{-1}	-5.79	4.43×10^2	0.9963
TCP-LG100	1518	2.420	-1.08×10^{-4}	5.97×10^{-1}	-4.90×10	4.46×10^3	0.9962
	1518	7.687	-1.48×10^{-5}	1.63×10^{-1}	-6.66	2.99×10^2	0.9947
TCP-LG50	2317	2.420	-1.68×10^{-5}	2.03×10^{-1}	-1.84×10	7.82×10^2	0.9975
	2317	7.687	1.49×10^{-5}	1.12×10^{-1}	-4.74	8.92×10	0.9890
TCP-LG80	2317	2.420	-3.58×10^{-5}	3.06×10^{-1}	-1.66×10	1.91×10^2	0.9982
	2317	7.687	-8.13×10^{-6}	1.40×10^{-1}	-5.21	2.02×10^2	0.9896
TCP-LG100	2317	2.420	-4.00×10^{-5}	2.66×10^{-1}	-2.23×10	1.09×10^3	0.9978
	2317	7.687	1.59×10^{-5}	1.13×10^{-1}	-4.91	8.14×10	0.9920

（3）粉饼孔隙率实际时间特性

由于孔隙率的变化对过滤器的影响较大，所以研究粉饼孔隙随时间的变化是很有意义的，图 7-7 显示了经拟合曲线修正后在不同的操作条件下粉饼孔隙率的时间特性曲线。根据所得模型计算结果发现，粉饼的孔隙率会随着时间不断地变小，这与第 4 章所介绍的粉饼坍塌有关，随着粉饼的不断增厚以及过滤风压的不断作用，由粉尘微粒形成的团聚体之间会发生相互挤压，当团聚体的弹性反作用力小于过滤风压产生的挤压力时，这些团聚体就会产生塑性变形，导致团聚体间与团聚体内的孔隙在挤压力的作用下变小。然而，不同的操作条件会使得在过滤过程中产生的过滤风压不同，这样团聚体所受到的挤压力也有大有小，从而孔隙改变的速率也分别不同。

由图可知，TCP-LG50 滤管粉饼要比其他两种滤管上的粉饼孔隙率高，这是由于三种陶瓷过滤管中，TCP-LG50 滤管的初始孔隙率和自然陶瓷颗粒平均中位径最大。初始孔隙率大可以使得过滤元件有较大的平均孔隙率，并且由于陶瓷管的容尘量大，使得一部分粉尘进入陶瓷管的孔隙中，从而粉饼相对而言变得疏松，这样在陶瓷管上的粉饼孔隙率就比其他的大。陶瓷颗粒平均中位径大就会增加粉尘与陶瓷颗粒的碰撞概率，使粉尘脱落得比较多，这样也会使得粉饼变得疏松。

通过比较 c_0 与 Q_f 对粉饼孔隙率的影响发现，含尘气体中 c_0 越大、Q_f 越大，则孔隙率越小，其原因主要是 c_0 越高，则单位时间内粉尘沉积的速度越快，从而产生的粉饼积累层也就越大，在过滤风压的作用下，粉饼中孔隙的变化也就越大，这样就导致孔隙率急剧变小，因此 c_0 越大孔隙就会越小，并且当 Q_f 较大时，单位截面中产生的风动压较大，使得粉饼中的团聚体迅速压溃，这样也会使得孔隙率迅速变小。因此可以得出一个结论：含尘气体中 c_0 越小，Q_f（换算成每种规格的陶瓷管时为过滤风速）越小，陶瓷管的初始孔隙越大，陶瓷自然颗粒粒径越大，则产生的粉饼平均孔隙率越小。

通过比较图 7-7（a）～（d），发现无论操作条件如何变化，粉饼孔隙率的变化率基本相同。其原因是在过滤过程中粉尘不断在初始孔隙率较大的陶瓷滤管表面沉积，当所产生的平均孔隙率与另一陶瓷滤管的初始孔隙率相当时，则粉饼孔隙率以这种陶瓷管粉饼沉积的规律变化，因此，无论操作条件如何变化，孔隙率的变化规律基本相同，但由于粉尘沉积附着过程中粉尘脱落的程度不一样，略有一些微小的区别。

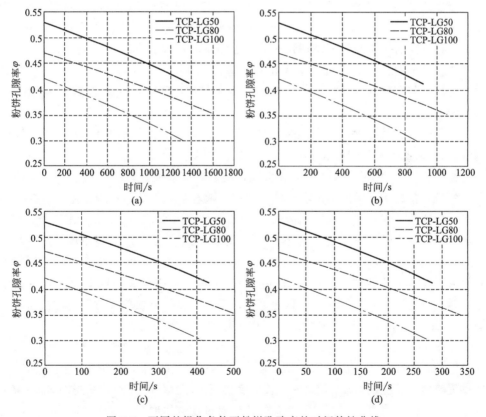

图 7-7　不同的操作条件下粉饼孔隙率的时间特性曲线

（a）$c_0 = 2.420\text{g/m}^3$，$Q_f = 1518\text{m}^3/\text{h}$；（b）$c_0 = 2.420\text{g/m}^3$，$Q_f = 2317\text{m}^3/\text{h}$；

（c）$c_0 = 7.687\text{g/m}^3$，$Q_f = 1518\text{m}^3/\text{h}$；（d）$c_0 = 7.687\text{g/m}^3$，$Q_f = 2317\text{m}^3/\text{h}$

7.5 陶瓷过滤压降影响因素

7.5.1 比截留量与孔隙率的影响

（1）不同操作条件时比截留量的影响

陶瓷滤管上 σ 逐渐增大，会导致滤管表面粉饼层越来越致密，过滤平均孔隙率也会越来越小，使得过滤压降不断升高，而且过滤深度与孔隙率是影响 Δp 的两个重要因素，因此预测 σ 对 Δp 的影响非常关键。在实际过滤过程中，粉饼的厚度是不均匀的，一般来说，如果过滤器的入风口设置在下面的某一位置上，则最终形成的粉饼层是从下至上逐渐变薄的非均匀层，根据激光位移传感器的测试结果发现，在陶瓷过滤管的下部粉饼层最厚约为 8mm，陶瓷过滤管的上部粉饼层最薄约为 6.8mm，由于粉饼层的厚度变化不大，因而采用厚度均匀的假设是合理的。图 7-8 显示了在不同的操作条件下模型预测与实验测试的 σ 对 Δp 的影响，通过计算模型预测与实验值的相关度发现，最大相对误差为 3.43%，最小 R^2 为 0.24%，预测曲线的趋势与实验结果很接近，因此，可以用模型所得 Δp-σ 曲线来预测 σ 对 Δp 的影响。

当明确陶瓷过滤管规格型号时，可以测得陶瓷滤料的初始孔隙率 φ_0、陶瓷管的壁厚 δ_c 以及陶瓷颗粒粒径 a_c。通过比较不同初始过滤参数时的计算结果可知，粉尘在过滤管表面初步沉积时，Δp 会随 σ 增加略有增大，但由于粉尘沉积初始阶段 σ 的增长量较小，因此 Δp 增长较为缓慢；随着粉尘逐步嵌入陶瓷滤料微孔，粉尘不断被滞留填充孔隙，使得陶瓷微孔的孔道越来越窄，Δp 开始迅速增长；当 σ 增加到一定程度时，陶瓷滤料微孔的部分孔隙被堵塞，当 σ 略有微小增长时，都会引起 Δp 的剧烈增加。Δp 除了受比截留量 σ 的影响之外，气流的表观流速对其也有较大的影响。计算结果表明，u_f 越大时 Δp 也会相应增大。这是因为表观速度越大时，陶瓷滤料表面的粉尘沉积速度也会随之加速，导致单位时间内比截留量的增长量 $\Delta \sigma$ 增大，由此产生较大的比饼阻，导致形成较大的 Δp。

由图 7-8 可知，陶瓷管的初始孔隙率 φ_0 越大，Δp 随 σ 的变化相对较为平缓，这是因为孔隙率越大，粉尘的渗透量越大，相同 Q_f 条件下，孔隙率大的陶瓷管成饼过程较慢，相应地，Δp 随 σ 的增长幅度较小。而且，陶瓷管管壁越厚，Δp 随 σ 的增长越剧烈，这是由于较厚的陶瓷管已经对过滤流体形成了很大的阻力，在相同的 σ 情况下，会产生较大的比饼阻。从图中观察，在相同条件下，陶瓷颗粒越小的情况，Δp 上升得越快，这主要是由于粉尘除了能够沉积在陶瓷管的表面，还能够渗入孔隙，嵌入在微孔中，陶瓷颗粒越小，意味着粉尘与之接触附着的机

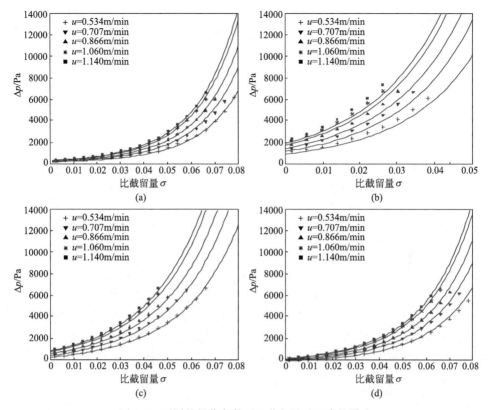

图 7-8　不同的操作条件下比截留量对压降的影响

(a) $\varphi_0=0.43$，$\delta_c=15mm$，$a_c=97\mu m$；(b) $\varphi_0=0.43$，$\delta_c=25mm$，$a_c=214\mu m$；

(c) $\varphi_0=0.53$，$\delta_c=15mm$，$a_c=214\mu m$；(d) $\varphi_0=0.53$，$\delta_c=25mm$，$a_c=97\mu m$

会少，从而粉尘微粒更容易进行到陶瓷颗粒之间的空隙中进行渗透与扩散，这样由于陶瓷内部与表面的粉尘同时都形成了阻力，使得 Δp 随比截留量的增长快速升高。

（2）不同陶瓷过滤元件时比截留量的影响

图 7-9 显示了两种 Q_f 时三种不同规格的陶瓷滤管的 $\Delta p\text{-}\sigma$ 曲线的变化趋势。结果表明 Δp 的变化有两个典型的阶段：第 1 阶段，粉尘增加过滤效果的阶段；第 2 阶段，粉尘的积累与堵塞使得压降超过了允许压降。

正如所预测的那样，随着粉尘在管壁上不断累积，压降值会不断地增长，由于 $\Delta p\text{-}\sigma$ 曲线比较光滑，所以在上述两个阶段之间没有明显的阈值存在。这些变化规律中一个非常明显的特征是陶瓷滤管壁上粉尘沉积量较小时，系统的 Δp 增幅较小，当粉尘沉积量较大时，系统压降上升得非常剧烈。

如果系统的最大允许压降约为 3kPa，则在 $Q_f=1518m^3/h$ 时使用规格为 TCP-LG50、TCP-LG80 和 TCP-LG100 的陶瓷管 σ 的范围分别为 $0\sim0.073$，$0\sim0.057$

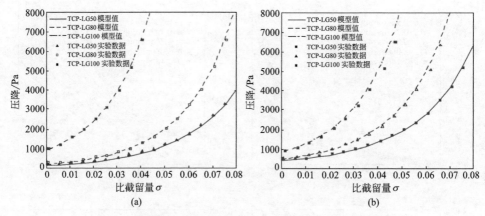

图 7-9　采用不同规格的陶瓷管时比截留量对压降的影响

(a) $Q_f = 1518 \text{m}^3/\text{h}$；(b) $Q_f = 2317 \text{m}^3/\text{h}$

和 0～0.02，在这种情况下，Δp 就不会超过允许的范围。同样地，在 $Q_f =$ 2317m³/h 时使用这三种规格的陶瓷过滤管所允许的 σ 范围分别为 0～0.063、0～0.05 和 0～0.03。这些结果表明，σ 的增加对 Δp 有很大的影响。通过比较三种规格的过滤管，TCP-LG50 滤管和 TCP-LG80 滤管明显比 TCP-LG100 滤管的 Δp 增长得缓慢，这是因为 TCP-LG50 滤管有最大的初始孔隙率，而 TCP-LG80 滤管有较大的初始孔隙率和较大的过滤面积。Δp 和 σ 的测量结果充分证实了本研究所提出的模型是可行的[式(7-6)]。

（3）孔隙率变化对压降的影响

σ 能够影响瞬时陶瓷过滤管孔隙率的变化，使得 Δp 发生改变，过滤区域可变孔隙率由这两部分构成：陶瓷滤管的固有孔隙率和粉饼层的可变瞬态孔隙率。许多研究者[24,25]曾经提出了由这两部分孔隙率引起的压降的表达式：

$$\Delta p = \Delta p_{\text{filter}} + \Delta p_{\text{cake}} \qquad (7\text{-}16)$$

式中　Δp_{filter}——陶瓷滤管固有孔隙率引起的压降；

Δp_{cake}——粉饼层变化的孔隙率引起的压降。

如果使用由这两部分组成的等效瞬态平均孔隙率（EIMP）来计算总压降孔隙率，从而代替两部分压降之和，复杂的总压降计算过程就可以得到简化。基于这样的考虑，EIMP 的值可以由式（7-5）推导得出。图 7-10 显示了在上述两种 Q_f 条件下使用三种规格的陶瓷滤管时由于粉尘沉积引起 EIMP 的变化对压降的影响。当控制压降在允许范围以内时（如 $\Delta p < 3 \text{kPa}$ 时），对于 TCP-LG50 滤管、TCP-LG80 滤管和 TCP-LG100 滤管在 $Q_f = 1518 \text{m}^3/\text{h}$ 时 EIMP 的值就应该分别大于 0.456、0.431 和 0.395。同样地，如果要保证系统压降在允许范围以内，当 $Q_f = 2317 \text{m}^3/\text{h}$ 时三种规格的陶瓷滤管的 EIMP 值就分别应大于 0.464、0.420 和 0.387。

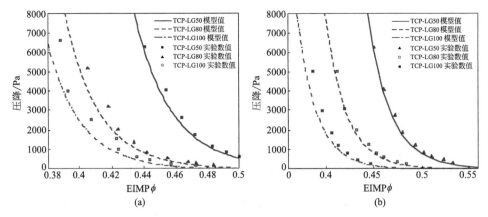

图 7-10　采用不同的规格陶瓷管时 EIMP 对压降的影响

(a) $Q_f = 1518 \text{m}^3/\text{h}$; (b) $Q_f = 2317 \text{m}^3/\text{h}$

图 7-10 所示的实验与数值结果显示了压降随着 σ 的增加和 EIMP 的减小而增大，这一结论与 Kim 等所报道的理论与实验结果[26]是一致的。通过分析这三种规格的陶瓷管和两种 Q_f 的影响，可以推导出较小的 u_f、较大的初始孔隙率、较大的比表面积以及较薄的陶瓷滤管壁厚都有助于维持较小的过滤阻力。然而，只有将系统压降与除尘效率结合在一起来考虑，过滤器的性能才合理。

7.5.2　陶瓷过滤表观速度的影响

图 7-11 显示了模型预测与实验测试在不同的操作条件下 u_f 对 Δp 的影响，从图中可以看出，实验测试的结果与模型预测值非常接近，通过计算发现，图中各种算例中计算结果与实验值的相对误差最大值为 4.41%，最小值为 0.67%，故所得相对误差均在 5% 以内，因此采用模型计算的结果可以很好地描述 Δp 随 u_f 的变化规律。

根据式（7-1）与式（7-14）可知，Δp 与 u_f 呈非线性变化，但从图中显示的计算结果发现，Δp 与 u_f 非常接近线性变化规律，这是因为 u_f 很低时，流体的惯性阻力可以忽略，这样通过多孔陶瓷管的流体可以认为是 Darcy 流体，由于在 Darcy 定中 Δp 与速度成正比，因此在本模型中所得结果近似线性变化是很合理的。Δp 随速度的一般变化规律呈现增长趋势，可以根据所得预测结果来决定过滤时的表观速度，如果按工程中所用的 Δp 上限来决定最大许可表观速度 $u_{f\max}$，则在图 7-11（a）条件时的最大表观速度约为 $u_{f\max} = 0.6 \sim 6 \text{m}/\text{min}$，在图 7-11（b）条件时的最大表观速度约为 $u_{f\max} = 0.1 \sim 1.08 \text{m}/\text{min}$，在图 7-11（c）条件时的最大表观速度约为 $u_{f\max} = 0.3 \sim 2 \text{m}/\text{min}$，在图 7-11（d）条件时的最大表观速度为 $u_{f\max} = 0.6 \sim 4.8 \text{m}/\text{min}$，精确的 $u_{f\max}$ 的值必须取决于附着在陶瓷管壁上 σ 的大小。在相同的操作条件下，σ 的值越大，则 Δp-u_f 曲线越陡，这与前面所得出的 σ 越大 EIMP 越小

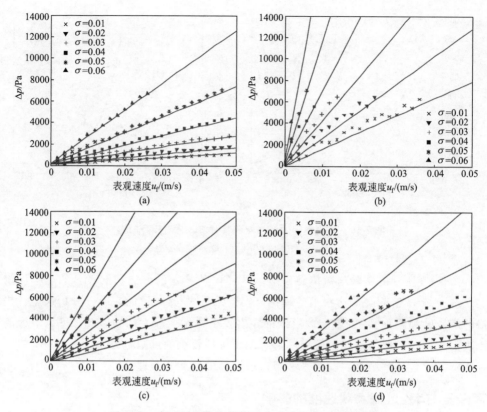

图 7-11 在不同的操作条件下表观速度对压降的影响

(a) $\varphi_0=0.43$, $\delta_c=15\text{mm}$, $a_c=97\mu\text{m}$; (b) $\varphi_0=0.43$, $\delta_c=25\text{mm}$, $a_c=214\mu\text{m}$;

(c) $\varphi_0=0.53$, $\delta_c=15\text{mm}$, $a_c=214\mu\text{m}$; (d) $\varphi_0=0.53$, $\delta_c=25\text{mm}$, $a_c=97\mu\text{m}$

的结论是一致的，因为 EIMP 越小的情况下，过滤介质产生的黏性阻力就会越大，从而使 Δp 增大。通过比较这 4 种操作条件下的 Δp-u_f 曲线的变化，发现在陶瓷滤管初始孔隙率较大的情况下，粉饼的 Δp 上升得比较慢，这是因为初始孔隙较大的陶瓷管在经过粉尘沉降与填充相结合过程后始终保持较大的孔隙率，在过滤中 Δp 要相对小一些。通过比较不同管壁厚度，发现在厚管壁上沉降粉尘时 Δp 随 u_f 增长的趋势要陡一些，这是由于初始厚管壁已经造成了较陡 Δp-u_f 曲线变化趋势，粉尘沉降加剧这种趋势。而且，在陶瓷自然颗粒较大的情况下 Δp-u_f 曲线变化趋势较陡，这是由于陶瓷颗粒越大，气流与其接触的概率也就越大，在与陶瓷颗粒碰撞的过程中不断地损失流体动能，使得流体 Δp 低，由此在多孔陶瓷介质前后产生的压差（压损）增大，因此在陶瓷颗粒较大时所产生的 Δp 相对大一些，从而导致 Δp-u_f 曲线较陡。

7.5.3 比截留量与速度的协同影响

前面研究了 σ 与 u_f 对 Δp 的影响，为了获得 u_f 限制点和 σ 控制点来保证系统的安全压降，研究双自变量对 Δp 的协同影响是很有必要的。图 7-12 显示了在不同的操作条件下 σ 与 u_f 对 Δp 的协同影响，左侧的图表示这两个变量产生的 Δp 参

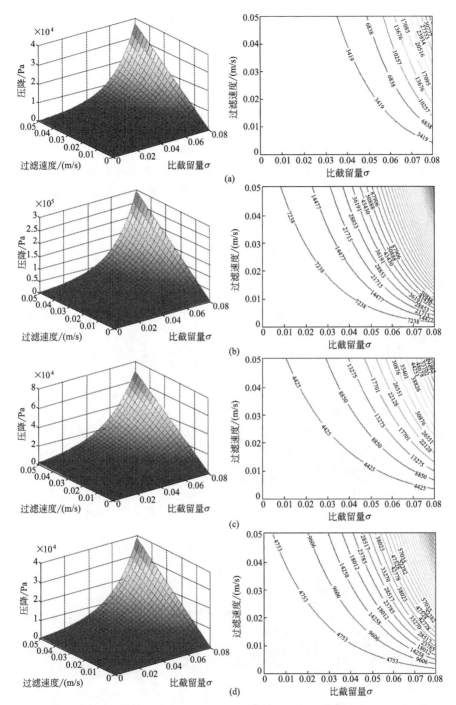

图 7-12 在不同的操作条件下比截留量与过滤速度对压降的协同影响

(a) $\varphi_0 = 0.43$，$\delta_c = 15\text{mm}$，$a_c = 97\mu\text{m}$；(b) $\varphi_0 = 0.43$，$\delta_c = 25\text{mm}$，$a_c = 214\mu\text{m}$；
(c) $\varphi_0 = 0.53$，$\delta_c = 15\text{mm}$，$a_c = 214\mu\text{m}$；(d) $\varphi_0 = 0.53$，$\delta_c = 25\text{mm}$，$a_c = 97\mu\text{m}$

数曲面，右侧的图表示由 Δp 参数曲面产生的梯度线投影图。从 Δp 参数曲面可以看出，当 σ 与 u_f 同时增长时，Δp 曲面上扬得异常剧烈，并且在 σ 与 u_f 增长的初始阶段，Δp 增长速度稍缓，σ 与 u_f 增长越大，则 Δp 曲面上升得越快。从 Δp 曲面梯度线投影图可以得出含尘气体过滤的 Δp 安全范围，一旦过滤允许的最大压降确定以后，可以根据已知的表观气速来确定 σ 的最大允许值，当过滤时只要达到这个 σ_{max}，就可以对过滤器进行清灰处理，因此，只要给定已知的陶瓷过滤管的规格型号，就可以通过测定其管壁厚度、洁净管初始孔隙率、陶瓷滤料自然颗粒粒径以及测定过滤时的风速，并结合最大允许压降来确定 σ_{max}，再使用所得到的 σ_{max} 在图 7-6 中实测数据所得的拟合线（表 5-2）来确定脉冲反吹时间控制点。通过比较在不同的操作条件下 σ 与 u_f 对 Δp 的协同影响，发现陶瓷管初始孔隙率较大的情况下 Δp 比较低，从梯度线投影图可以看出，陶瓷管的初始孔隙率越小、陶瓷颗粒的粒径越小、管壁越厚，则可操作压降区域越小，也就是说，如果风速较大，则最大允许 σ_{max} 就较小，如果要使得最大允许 σ_{max} 较大，则风速不能太大，二者相互制衡，否则就会引起较大的 Δp。

7.5.4 陶瓷滤料自然粒径的影响

图 7-13 显示了在不同的操作条件下陶瓷滤料自然平均中位粒径对 Δp 的影响，通过观察图中的变化发现陶瓷颗粒对 Δp 的影响很大，陶瓷滤料的自然粒径的平均

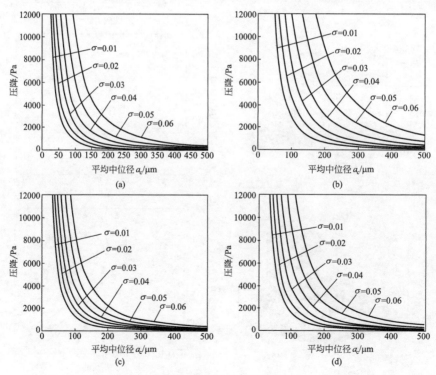

图 7-13　不同操作条件下陶瓷滤料自然平均中位粒径对压降的影响预测

(a) $\varphi_0 = 0.43$，$Q_f = 1518 \text{m}^3/\text{h}$，$\delta_c = 15 \text{mm}$；(b) $\varphi_0 = 0.43$，$Q_f = 2317 \text{m}^3/\text{h}$，$\delta_c = 25 \text{mm}$；
(c) $\varphi_0 = 0.53$，$Q_f = 1518 \text{m}^3/\text{h}$，$\delta_c = 25 \text{mm}$；(d) $\varphi_0 = 0.53$，$Q_f = 2317 \text{m}^3/\text{h}$，$\delta_c = 15 \text{mm}$

中位径越小，过滤时产生的 Δp 越高，从约 $50\mu m$ 到某一阈值范围内，模型预测 Δp 异常高，并且 Δp 会随着陶瓷颗粒的增大急剧减小，当在陶瓷颗粒大于这一阈值的范围时，Δp 随陶瓷颗粒的增大缓慢减小，而且在 σ 较大的情况下，Δp 随陶瓷颗粒粒径增大而减小的速率稍微慢一些，因此，在实际选用陶瓷滤管的过程中，找出这一阈值关键点很重要，通过系统设计的 Δp 来确定这个阈值后，再根据所定的阈值与陶瓷管的初始孔隙率来选用陶瓷过滤元件。

比较图 7-13(a)～(d) 这 4 种情况发现，当陶瓷滤管的初始孔隙率较大、Q_f 较小、管壁厚较薄时，Δp 随陶瓷颗粒粒径的增加而减小的速率比较快，因此只要确定了陶瓷滤管的初始孔隙与厚度，并采用一定的风量与 c_0，就可以根据需要选取适合陶瓷粒径的陶瓷滤管。

7.5.5 陶瓷过滤元件壁厚的影响

陶瓷过滤与布袋纤维过滤最大的不同是陶瓷管壁比较厚，布袋纤维主要依赖于纵横交错的纤维构成的致密表面，因而这种过滤方式主要是表面过滤，而陶瓷过滤是一种容积过滤的方式，在过滤过程中既有表面过滤也有深层过滤，深层过滤与过滤介质的厚度有关，因此研究不同陶瓷管的管壁对 Δp 的影响是很重要的。

图 7-14 显示了不同操作条件下陶瓷滤管厚度（8 种管厚系列）对 Δp 的影响预

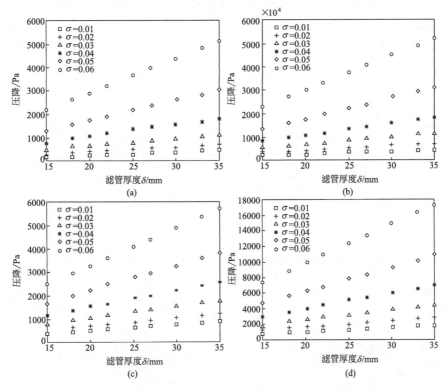

图 7-14 在不同的操作条件下陶瓷滤管厚度对压降的影响预测

(a) $\varphi_0 = 0.43$，$Q_f = 1518 m^3/h$，$a_c = 97\mu m$；(b) $\varphi_0 = 0.43$，$Q_f = 2317 m^3/h$，$a_c = 214\mu m$；

(c) $\varphi_0 = 0.53$，$Q_f = 1518 m^3/h$，$a_c = 214\mu m$；(d) $\varphi_0 = 0.53$，$Q_f = 2317 m^3/h$，$a_c = 97\mu m$

测，从图中可以看出，在相同条件下 Δp 随着滤管厚度的增加而不断增大，并且随着 σ 的增大曲线的上升速率加快，通过观察发现当陶瓷滤管的 φ_0 越小、a_c 越大、Q_f 越大时，Δp 随管壁增厚而增长得稍快，但是其区别不太大，因此这些参数不是影响 Δp 随管壁厚度的增长速率的主要因素。

7.6 陶瓷过滤压降瞬态特性

7.6.1 不同操作条件下的瞬态特性

粉饼的形成使得 Δp 不断增大，当增大到一定程度时就会超过工作允许压降，为避免系统超负荷工作，就必须知道系统压降在什么时间超过允许压降（Δp_{max}），从而开启反吹脉冲进行清理，因此了解 Δp 瞬态特性对精准控制脉冲反吹开启时间非常重要。图 7-15 显示了在不同操作条件下压降随时间的瞬态特性曲线，图中所示 Δp-t 特性曲线随时间延长不断地增长，在初始阶段曲线的上扬幅度较小，随着过滤时间变长，曲线的上扬幅度越来越大，为了消除 Δp 的急剧增长，过滤进行到

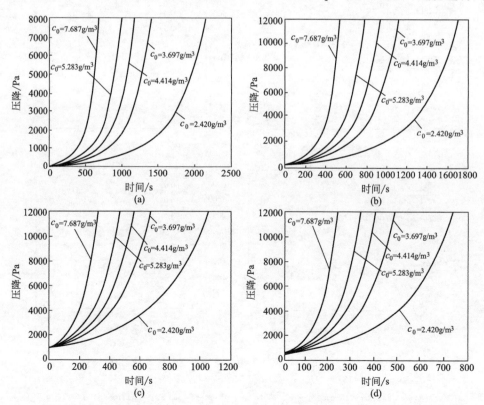

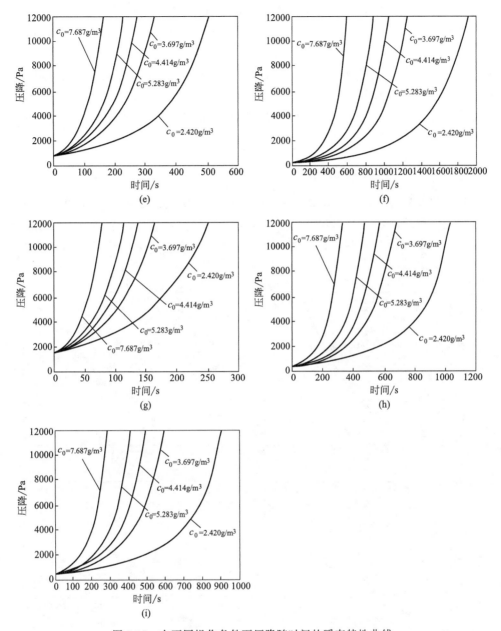

图 7-15 在不同操作条件下压降随时间的瞬态特性曲线

(a) $u_f=8.9mm/s$，$\varphi_0=0.43$，$a_c=97\mu m$，$\delta_c=15mm$；(b) $u_f=8.9mm/s$，$\varphi_0=0.47$，$a_c=154\mu m$，$\delta_c=20mm$；

(c) $u_f=8.9mm/s$，$\varphi_0=0.53$，$a_c=214\mu m$，$\delta_c=25mm$；(d) $u_f=14.4mm/s$，$\varphi_0=0.43$，$a_c=154\mu m$，$\delta_c=25mm$；

(e) $u_f=14.4mm/s$，$\varphi_0=0.47$，$a_c=214\mu m$，$\delta_c=15mm$；(f) $u_f=14.4mm/s$，$\varphi_0=0.53$，$a_c=97\mu m$，$\delta_c=20mm$；

(g) $u_f=19mm/s$，$\varphi_0=0.43$，$a_c=214\mu m$，$\delta_c=20mm$；(h) $u_f=19mm/s$，$\varphi_0=0.47$，$a_c=97\mu m$，$\delta_c=25mm$；

(i) $u_f=19mm/s$，$\varphi_0=0.53$，$a_c=154\mu m$，$\delta_c=15mm$

一定的时间进行脉冲清灰处理是很有必要的。在一定的操作条件下，c_0 越大时，$\Delta p\text{-}t$ 特性曲线越陡，Δp 会随时间急剧上升，也就是说，当 c_0 不同时，当 Δp 达到 Δp_{max}，进行清灰的时间控制点分别不同，c_0 越大，要求清灰的时间间隔越短。图 7-15 显示了在不同正交配置的操作条件下的 $\Delta p\text{-}t$ 特性曲线，通过比较发现，u_f 越大、初始孔隙率越小、陶瓷颗粒粒径越大、管壁越厚，则 $\Delta p\text{-}t$ 曲线上升得越快，因此在给定的陶瓷管条件下，只要测试出过滤的 u_f 与 c_0，就可以确定清灰操作控制点。

7.6.2 不同陶瓷管的瞬态特性

在过滤过程中，σ 在计算 Δp 随孔隙率的变化中起到了重要的作用。一般来说，粉尘沉积的总量主要取决于沉积时间，因此 Δp 随着时间也会发生变化。图 7-16 表明当 $Q_f = 1518/2317\text{m}^3/\text{h}$ 和 $c_0 = 2.420/7.687\text{g/m}^3$ 时上述三种陶瓷滤管的 $\Delta p\text{-}t$ 特性。

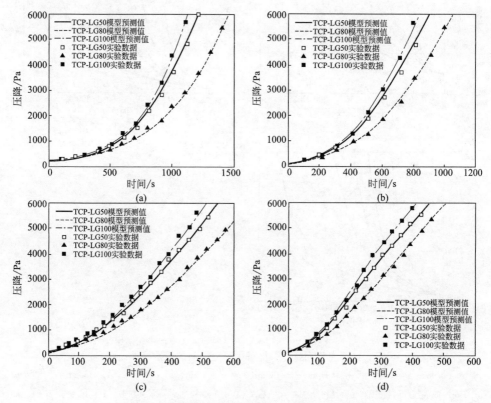

图 7-16　不同规格陶瓷滤管的过滤压降时间特性

(a) $c_0 = 2.420\text{g/m}^3$，$Q_f = 1518\text{m}^3/\text{h}$；(b) $c_0 = 7.687\text{g/m}^3$，$Q_f = 1518\text{m}^3/\text{h}$；

(c) $c_0 = 2.420\text{g/m}^3$，$Q_f = 2317\text{m}^3/\text{h}$；(d) $c_0 = 7.687\text{g/m}^3$，$Q_f = 2317\text{m}^3/\text{h}$

图中的 Δp-t 曲线为计算值和实验值提供了一个定量的比较。如图中曲线所示，在开始一段时间内 Δp 显然随着时间增长比较缓慢，而当过了较长的时间后，σ 沉积到一定的程度时，Δp 开始急剧上升。这表明开始的时间粉尘的沉积量比较小（为 400～1000Pa），故引起的阻力也比较小，当粉尘沉积到一定的程度时，由于积尘较重，使 EIMP 变小，因而在后期 Δp 急剧上升。由图 7-16 可知，在相同的时间内含尘气体中 c_0 较高时 Δp 上升较快，这是由于较高的 c_0 使得粉尘在陶瓷滤管上沉积速度加快，因而导致 Δp 上升变快。基于这种原因，当 Δp 达到或超过了 Δp_{max} 时，系统必须进行清灰操作使管壁上的粉尘及时脱落，以降低系统的 Δp。由于 c_0 较高的含尘气体易于达到 Δp_{max}，因此这种操作条件下的清灰间隔周期相对较短一些。通过比较图 7-16 发现，Q_f 越大 Δp 也越大。由此当 Δp 增大以后，系统的过滤形式逐渐由面过滤形式发展为深层过滤的形式，也就是说一部分粉尘在较高的 Δp 作用下逐渐渗透进入管的缝隙中，另一部分粉尘仍然沉积在过滤管的表面。而且较大的 Q_f 产生较快的表面沉积速率，这就导致孔隙率很快减小。因此，较大的 Q_f 也会产生较高 Δp，导致过滤持续时间变短。通过观察曲线的变化，模型预测出的结果与实验值比较吻合。为了使得过滤时能保持较低的 Δp，对于不同 Q_f 与 c_0 条件下选择合适的过滤持续周期是很有必要的。如果将过滤的 Δp_{max} 设置在 2kPa 以内，则图 7-16(a)～(d) 的操作条件下的过滤持续时间分别为 12～15min、8～11min、4～6min 和 3～4min，也就是说当超出这个时间范围，就必须进行清灰处理，以保证 Δp 在系统工作许可范围以内。

7.6.3 持续过滤加载反吹的瞬态特性

为进一步获得持续清灰操作下 σ 的动态特性，通过实验得到了上述操作条件下（Q_f＝1518/2317m³/h，c_0＝2.420/7.687g/m³）的"持续过滤-脉冲清灰"过程的 σ 和 Δp 的时变特性曲线（喷嘴压力＝0.63MPa，脉冲宽度＝160ms），如图 7-17 所示。

在伴随有清灰操作的过滤过程中，每次反吹之后 σ 都达到一个新的最低点。而且每个新的最低点都会比前次产生的最低点略高。这表明沉积在陶瓷滤管表面的粉饼在反吹的作用下脱落，但逐渐渗透进入陶瓷孔隙中的粉尘却不能完全被吹脱，这样就使得陶瓷管的孔隙率变小，清灰之后的 Δp 仍然比洁净陶瓷滤管的 Δp 高。嵌入陶瓷滤管孔隙中的粉尘颗粒一方面有助于提高除尘效率，另一方面又给系统产生不必要的阻力。当含尘气体中 c_0 和 Q_f 增加时，粉尘的去除效率相应增加。当 c_0＝7.687g/m³ 和 Q_f＝2317m³/h 时，使用陶瓷过滤管 TCP-LG50 的 σ 反吹效率能达到 46%，这表明较大的 c_0 和 Q_f 条件下所形成粉饼易于被吹脱清理。从不同陶瓷滤管的实验结果来看，σ 与洁净陶瓷滤管的初始孔容也有密切的关系。当脉冲反吹操作 Δp 控制点相同时（Δp_{limit}＝3kPa），初始孔隙率较大的陶瓷滤管捕集到更多的粉尘，因而在进行清灰操作时的粉尘吹脱量最大。

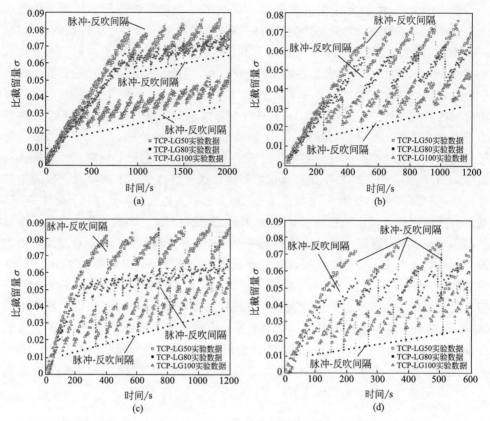

图 7-17　带脉冲反吹的连续过滤过程中比截留量沉积脱落的动态过程

(a) $c_0 = 2.420\text{g/m}^3$，$Q_f = 1518\text{m}^3\text{/h}$；(b) $c_0 = 2.420\text{g/m}^3$，$Q_f = 2317\text{m}^3\text{/h}$；

(c) $c_0 = 7.687\text{g/m}^3$，$Q_f = 1518\text{m}^3\text{/h}$；(d) $c_0 = 7.687\text{g/m}^3$，$Q_f = 2317\text{m}^3\text{/h}$

图 7-18 显示了在 $Q_f = 1518\text{m}^3\text{/h}$ 和 $c_0 = 2.420\text{g/m}^3$ 的操作条件下利用 TCP-LG50 陶瓷滤管作为过滤元件时的 Δp 动态过程。每一轮清灰操作后的有效残余压降 Δp_f，即包括所有清灰最低点的 Δp-t 曲线代表了在上述操作条件下的过滤动态特征。很显然在过滤清灰时有两个阶段存在：Δp 增长期与 Δp 稳定期。处在 Δp 增长期时，Δp 和 Δp_f 都随时间快速增长，处在 Δp 稳定期时，Δp_f 随时间略有增长最终达到一个恒定值（$\Delta p_{j+1} > \Delta p_j$）。这种现象表明，在增长期洁净陶瓷管的孔容足够容纳由于深层过滤引起的渗透粒子，而当孔容达到饱和以后，粉尘主要由颗粒间范德华力的作用下附着在陶瓷滤管的表面，过滤形式逐渐由表面过滤代替了深层过滤。当粉尘重力及过滤风力等外力之和足够可以克服颗粒之间的黏结力时，许多粉尘不能继续附着沉积。因此 Δp 稳定期逐渐形成。

根据 Kim 等所提出的清灰效率的定义[26]，可以引入清灰效率来调查脉冲反吹气流对粉饼的影响：

$$\eta_i = \frac{\Delta p_{i+1} - \Delta p_{j+1}}{\Delta p_{i+1} - \Delta p_j} \tag{7-17}$$

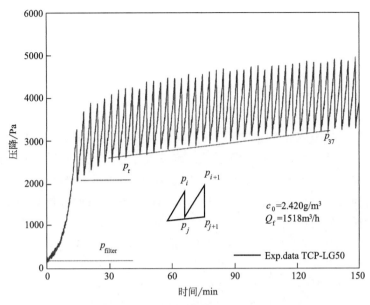

图 7-18　带间歇式脉冲反吹的连续过滤过程中压降随时间的变化

$(c_0 = 2.420\text{g/m}^3, \quad Q_f = 1518\text{m}^3/\text{h})$

图 7-19 显示了在上述操作条件下的清灰效率。很显然开始时清灰效率随着反吹次数的增加而增大，最后逐渐接近一个稳定值。这表明刚开始时由于 Δp 较低，大部分粉尘没有渗透进入内部孔隙，随着有效压降的增大，部分粒子渗透进入微孔

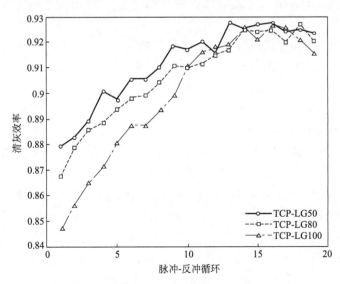

图 7-19　采用不同陶瓷管时的清灰效率

中，嵌入的粒子使得粉尘的吹脱逐渐变得困难。因此，反吹脉冲气流主要是对沉积在陶瓷管表面的粉尘起主要作用，而对嵌入颗粒的作用比较微弱，在嵌入粒子不再增加以后清灰效率比较稳定。

7.7 本章小结

本章提出了一个研究粉饼沉积过滤的辅助数学模型，并通过该模型和一个带有新颖的悬挂称重系统的陶瓷过滤器实验装置研究了粉尘沉积与脱落对 Δp 的影响。通过这些研究发现，陶瓷过滤元件的各种基本参数（包括陶瓷过滤滤管的初始孔隙率、陶瓷滤料自然颗粒粒径、管壁厚度）和不同的操作条件（包括 Q_f、c_0）都对过滤过程中粉尘的沉积量（本章以比截留量为研究对象）有很大的影响，从而对 Δp 也有很大的影响。由此可知，在过滤时的粉尘沉积同时存在深层过滤与表面过滤，而且由于陶瓷滤管中嵌入不断增加，深层过滤逐渐起主导作用。当一些外力足以克服颗粒之间的黏结力时，陶瓷滤管上的比截留量逐渐达到一个常量。由此在初始阶段的清灰效率较低，随着反吹次数的增加，清灰效率逐渐稳定。本章小结如下：

① 在过滤过程中，陶瓷过滤器的粉尘 σ 会随时间的延长而不断增长，当 σ 增长到一定的程度达到某一恒定值时就不再增加，此时粉尘的附着力不足以克服自身的重力以及其他吹脱力，此时虽然 σ 达到了一个不继续增长的最大值，但所产生的 Δp 会远远超过工作中的 Δp_{max}，因此在比截留量达到 σ_{max} 之前就必须进行清灰处理。

② 过滤产生的粉尘沉积引起的比截留量随陶瓷过滤元件的参数以及操作条件的变化，其增长速率分别不同，这样就导致产生 Δp 的速率也分别不同，较大的初始孔隙率、较小的陶瓷颗粒粒径、较薄的陶瓷管壁以及操作时较小的过滤风速和 c_0 都可以使 Δp 衰减下来，这对于实际过滤中确定陶瓷过滤元件的规格并选用适合的操作 Q_f 都是很有参考价值的。

③ 采用新颖的悬挂称重装置使 σ 的确定更加方便，这样使得在各种条件下的任意时刻的 σ 可以随时确定，这样就便于研究 σ 的时间特性曲线。

④ 根据 σ 随时间的变化规律和 Δp 随 σ 的变化规律，用本章所提供的数学模型得出了 Δp 随时间变化的规律，并用实验验证了其正确性，这样就可以根据工作 Δp 的要求确定 Δp 什么时候超过 Δp_{max}，并在这个时间点进行清灰操作，从而既能防止 Δp 超出最大允许值，又能保证过滤掉滤气体中的粉尘所形成的粉饼，增加过滤效果，因此，掌握好脉冲清灰的时间是很重要的，并且由本模型的研究结果可以为工业应用的脉冲清灰操作提供较好的理论依据。

⑤ 通过研究带脉冲反吹的陶瓷过滤过程，并采用清灰前与清灰后的 Δp 曲线的变化规律发现，当每次脉冲喷吹完成后，总有一小部分粉尘嵌入在陶瓷滤管的缝隙中，使得每轮过滤清灰循环中后一次清灰后的 Δp 总会比前次清灰后的 Δp 略高，将后一次的波谷压降 Δp_{j+1} 减去前一次的波谷压降 Δp_j，称为清灰残余压降（$\Delta p_j = \Delta p_{j+1} - \Delta p_j$）。随着反复的清灰操作，残余压降增量 d（$\Delta p_f$）逐渐减小，经过反复喷吹后 Δp 的波峰点趋势线与波谷点趋势线逐渐趋于稳定，从而可以得到清灰效率的趋势曲线。一般来说，正常的工业过滤均是用反复清灰后的陶瓷滤管进行过滤操作的，因此掌握稳定后的清灰效率也是很重要的，由此可以决定采用喷吹的脉冲波的强度与脉冲宽度。

⑥ 本章研究的意义在于通过研究 σ 的变化规律来建立一个数学模型，从而避免了实际操作过程中采用实验实测数据的烦琐，仅仅只运用该模型进行简单的计算即可以了解在各种工况情况下的 Δp 变化规律，从而制定反吹的操作间隔，这种简单而又烦琐的操作完全可以通过自动控制系统进行定时清灰操作来完成。

参考文献

[1] De Freitas N L, Gonçalves J a S, Innocentini M D M, et al. Development of a double-layered ceramic filter for aerosol filtration at high-temperatures: The filter collection efficiency. Journal of Hazardous Materials, 2006, 136 (3): 747-756.

[2] Al-Otoom A Y, Ninomiya Y, Moghtaderi B, et al. Coal ash buildup on ceramic filters in a hot gas filtration system. Energy & Fuels, 2003, 17 (2): 316-320.

[3] Chuah T G, Withers C J, Seville J P K. Prediction and measurements of the pressure and velocity distributions in cylindrical and tapered rigid ceramic filters. Separation and Purification Technology, 2004, 40 (1): 47-60.

[4] Ji Z, Li H, Wu X, et al. Numerical simulation of gas/solid two-phase flow in ceramic filter vessel. Powder Technology, 2008, 180 (1): 91-96.

[5] Long W, Hilpert M. A correlation for the collector efficiency of brownian particles in clean-bed filtration in sphere packings by a Lattice-Boltzmann method. Environmental Science & Technology, 2009, 43 (12): 4419-4424.

[6] Ruiz J C, Blanc P, Prouzet E, et al. Solid aerosol removal using ceramic filters. Separation and Purification Technology, 2000, 19 (3): 221-227.

[7] Xiong Z, Ji Z, Wu X, et al. Experimental and numerical simulation investigations on particle sampling for high-pressure natural gas. Fuel, 2008, 87 (13): 3096-3104.

[8] Niven R K. Physical insight into the Ergun and Wen & Yu equations for fluid flow in packed and fluidised beds. Chemical Engineering Science, 2002, 57 (3): 527-534.

[9] Cookson J T. Removal of submicron particles in packed beds. Environmental Science & Technology, 1970, 4 (2): 128-134.

[10] Li S, Ding Y, Wen D, et al. Modelling of the behaviour of gas-solid two-phase mixtures flowing through packed beds. Chemical Engineering Science, 2006, 61 (6): 1922-1931.

［11］ Zahradnik R L，Anyigbo J，Steinberg R A，et al. Simultaneous removal of fly ash and sulfur dioxide from gas streams by a shaft-filter-sorber. Environmental Science & Technology，1970，4 (8)：663-667.

［12］ Santos A，Barros P H L. Multiple particle retention mechanisms during filtration in porous media. Environmental Science & Technology，2010，44 (7)：2515-2521.

［13］ Thomas D，Contal P，Renaudin V，et al. Modelling pressure drop in hepa filters during dynamic filtration. Journal of Aerosol Science，1999，30 (2)：235-246.

［14］ Thomas D，Penicot P，Contal P，et al. Clogging of fibrous filters by solid aerosol particles experimental and modelling study. Chemical Engineering Science，2001，56 (11)：3549-3561.

［15］ Kim J，Tobiason J E. Particles in filter effluent：The roles of deposition and detachment. Environmental Science & Technology，2004，38 (22)：6132-6138.

［16］ Chi H，Ji Z，Sun D，et al. Experimental investigation of dust deposit within ceramic filter medium during filtration-cleaning cycles. Chinese Journal of Chemical Engineering，2009，17 (2)：219-225.

［17］ Kamiya H，Deguchi K，Gotou J，et al. Increasing phenomena of pressure drop during dust removal using a rigid ceramic filter at high temperatures. Powder Technology，2001，118 (1)：160-165.

［18］ Chen S-C，Lee E K C，Chang Y-I. Effect of the coordination number of the pore-network on the transport and deposition of particles in porous media. Separation and Purification Technology，2003，30 (1)：11-26.

［19］ 孔祥言. 高等渗流力学. 北京：中国科学技术大学出版社，1999.

［20］ Zamani A，Maini B. Flow of dispersed particles through porous media — Deep bed filtration. Journal of Petroleum Science and Engineering，2009，69 (1)：71-88.

［21］ Ives K J，Pienvichitr V. Kinetics of the filtration of dilute suspensions. Chemical Engineering Science，1965，20 (11)：965-973.

［22］ Bai R，Tien C. Effect of deposition in deep-bed filtration：determination and search of rate parameters. Journal of Colloid and Interface Science，2000，231 (2)：299-311.

［23］ Maroudas A，Eisenklam P. Clarification of suspensions：a study of particle deposition in granular media：Part I—Some observations on particle deposition. Chemical Engineering Science，1965，20 (10)：867-873.

［24］ Dittler A，Ferer M V，Mathur P，et al. Patchy cleaning of rigid gas filters—transient regeneration phenomena comparison of modelling to experiment. Powder Technology，2002，124 (1)：55-66.

［25］ Ergun S. Fluid flow through packed columns. Chem. Eng. Prog. ，1952，48：89-94.

［26］ Kim J-H，Liang Y，Sakong K-M，et al. Temperature effect on the pressure drop across the cake of coal gasification ash formed on a ceramic filter. Powder Technology，2008，181 (1)：67-73.

第8章

陶瓷过滤器捕集效率模型

8.1 引言

前面的章节主要讨论的是陶瓷过滤器的 Δp，实际上除尘效率也是陶瓷过滤器的重要指标之一[1]。为了获得必须达到的除尘效率，工业除尘中有很多种传统的收尘方法，具体选择哪种方法取决于工艺的特点以及污染物的特点。一般热电厂产生的废气污染物主要包括颗粒物污染物和毒性气体污染物组分，其中烟气中的颗粒物污染物又包括炭黑与粉煤灰两种物质[2]。而去除这些污染物的方法有很多种，如湿式洗涤法、旋风除尘法、电除尘法以及过滤式除尘方法。湿式洗涤法一般会很难恢复可循环使用的热能；旋风除尘法效率低下，只能做除尘预处理；电除尘器除尘效率高，对超细颗粒的捕集效果好，并且也可在高温下工作，但运行成本却十分昂贵；唯有陶瓷过滤器拥有各方面的优点，除尘效率既高，又能在高温下工作，可以循环利用废热能，并且运行成本较低。陶瓷过滤器可以抵抗 500℃ 以上的高温，并能高效除尘，并且刚性过滤器的寿命也比较长[3]。

由于陶瓷过滤管是由很多铝硅碳化物、硅酸铝、二氧化硅、莫来石自然颗粒组成，所以抗高温高压能力很强。一般来说，陶瓷多孔介质的孔隙率在 0.4～0.6 之间，并有很好的机械强度[4,5]。陶瓷颗粒的捕捉机理与单纤维捕捉机理很相似，但又有一定的区别，单纤维是以一根根细长的截面为圆形的纤维进行颗粒捕集，其捕集截面为纤维的长度与 2 倍纤维半径之积，而陶瓷颗粒则以一截面为圆形的球形颗粒进行捕集，其捕集截面为该圆形截面，当炭黑颗粒随着气流一起运动、与陶瓷颗粒发生碰撞、由于拦截被捕捉、因布朗运动而碰撞到陶瓷颗粒（图 8-1）或顺着流线进行渗透扩散运动，这些运动使得炭黑颗粒被捕集、渗透游弋在陶瓷颗粒之间或是从过滤中逃逸出来，因此采用有效的模型来估计陶瓷过滤器的除尘效率是很有必要的。

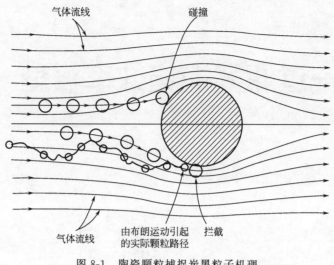

图 8-1　陶瓷颗粒捕捉炭黑粒子机理

很多研究者试图通过自己的研究很好地描述粉尘的沉积规律，如 De Freitas 等[6]研究了双层陶瓷过滤在高温中收集粉尘效率的性能，Endo 等[7]采用实验模型与一个基于传统方法的球形理论评价了烧结陶瓷过滤器的过滤性能，迟化昌等[8]采用实验的方法研究了过滤器的非稳态过滤特性，而到目前为止，还没有一个很可靠的模型来预测过滤效率的非稳态特征。

本章的主要工作是建立一个高温陶瓷过滤器除尘效率的非稳态模型，通过这个模型可以获得除尘效率随 Q_f、c_0 的变化规律，并可能通过模型计算出的效率曲线结合上一章所介绍的 Δp 确定方法来选取合理的陶瓷过滤管，其主要考察包括过滤管的初始孔隙率、管壁厚度、过滤管的过滤面积等相应的参数，为工业提供便捷的操作方法。

8.2　陶瓷过滤集尘理论

为了很好地描述密实陶瓷滤料的过滤机理，以填充度来描述滤料层在陶瓷滤料的填充情况。一般来说，填充度的定义为陶瓷滤料总体积与滤料层体积的比值[9]，用 PK 来表示。如图 8-2 所示，m_{cer} 为在气流方向单位厚度、单位横截面内的陶瓷颗粒的平均中位径为 $\bar{a}_{cer}$ 的陶瓷颗粒的总数目（个/m³），则填充度的表达式为：

$$PK = \frac{\pi m_{cer} \overline{a}_{cer}^3}{6} = 1 - \varphi_0 \tag{8-1}$$

若陶瓷管材料颗粒的随机直径为 a_{ci}，则单颗粒的填充度可以表达为：

$$PK = \frac{\sum \pi m_{cer,i} \overline{a}_{cer,i}^3}{6} \tag{8-2}$$

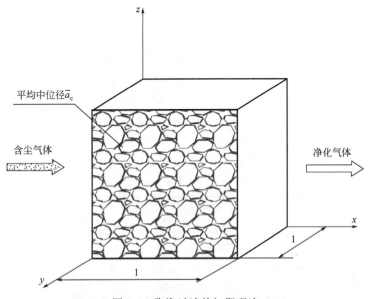

图 8-2　陶瓷过滤的初期理论

若黑烟中的炭黑粒子与直径为 a_{cer} 的陶瓷颗粒碰撞，从而产生的单颗粒效率为 η_{si}，则单颗粒效率的值主要取决于陶瓷颗粒的粒径与炭黑粒子的粒径，假设通过滤料层的气流始终处于层流状态，如果气流流经两相邻陶瓷颗粒之间时，两边极限流线之间的距离为 Y_i，从而可以根据日本小川明提出的单纤维效率来定义单陶瓷颗粒效率[10]。

极限流线：如果一个陶瓷颗粒两侧存在两条气流流线，并且处在这两条气流流线之间的所有炭黑粒子都与陶瓷颗粒接触而被捕集，而处在这两条气流流线之外的所有炭黑粒子都不与陶瓷颗粒接触从而逃逸，则把这两根气流流线称为极限流线（图 8-3）。

如果在直径为 a_{cer} 的陶瓷颗粒两侧气流极限流线之间的距离为 Y_i，则陶瓷颗粒的单颗粒捕集效率为 Y_i / a_{cer}。

为了很好地说明一个厚度为 δ_{cer} 的陶瓷过滤器的除尘效率和粉尘穿透性，考虑如图 8-4 所示的厚度为 dx 的单元体积，微单元体 REV 的含尘气流的进入距陶瓷管外壁为 x 的一个面，该面的两个边长分别为 1，即为单位长度，因而所取微单元体

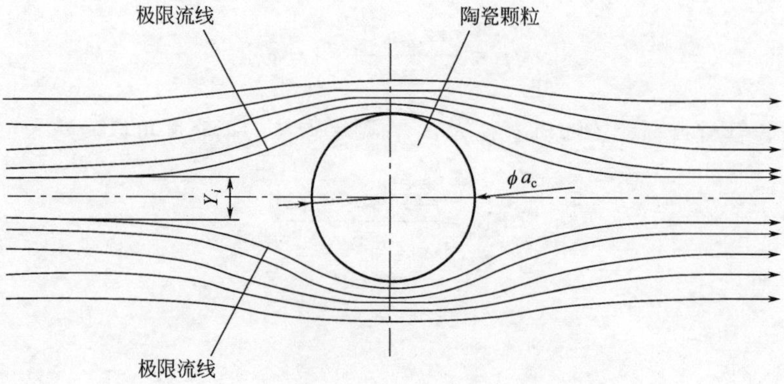

极限流线
陶瓷颗粒
ϕa_c
Y_i
极限流线

图 8-3　气流流经陶瓷颗粒时的极限流线

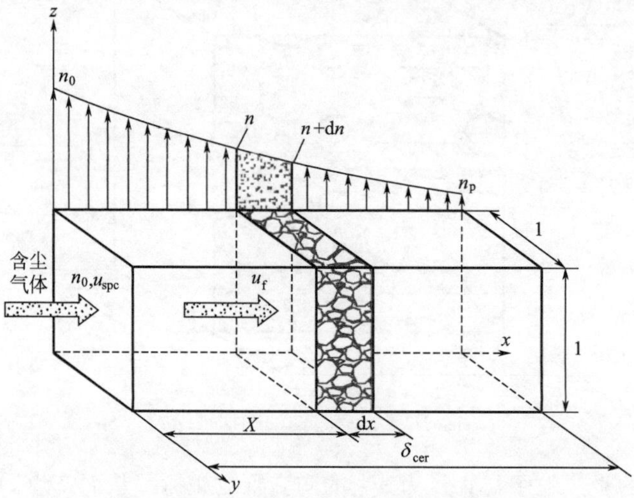

z
n_0
n
n+dn
n_p
1
含尘
气体
n_0, u_{spc}
u_f
x
1
X
dx
δ_{cer}
y

图 8-4　厚度为 δ_{cer} 的陶瓷滤料中的微单元 REV

的体积为 dx，进入此微单元体的每单位含尘气体约有颗粒数目为 n_{cb}（个/m^3），而且陶瓷过滤器内平均过滤气速约为 $\bar{u}_f$，单位时间内进入微单元体的炭黑粒子数目为 $\bar{u}_{fn}$，由于微单元体内的过滤面积为：

$$S_s = \frac{\pi a_{cer}^2}{4} \tag{8-3}$$

由微单元体内所有颗粒的总过滤面积为：

$$S_{REV} = \frac{m_{cer} \pi a_{cer}^2 dx}{4} \tag{8-4}$$

则微单元体所有颗粒的有效总过滤面积为：

$$\langle S_{REV} \rangle = \frac{\eta_i m_{cer} \pi a_{cer}^2 dx}{4} \tag{8-5}$$

由此可以得到在陶瓷滤料的任意 x 截面位置上微单元体内炭黑粒子的去除速率为：

$$\omega = n_{cb} \bar{u}_s \langle S_{REV} \rangle \tag{8-6}$$

陶瓷过滤器内的平均过滤气速 $\bar{u}_f$ 与除尘装置内的表观气速 $\bar{u}_{spc}$ 的关系可以通过考虑填充度的定义由下式表示：

$$\bar{u}_f = \frac{\bar{u}_{spc}}{1 - PK} \tag{8-7}$$

$$\bar{u}_{spc} = \frac{Q_f}{A} \tag{8-8}$$

式中 Q_f——陶瓷微孔除尘器中的含尘气体流量，m^3/s；

A——陶瓷微孔除尘器的横截面积，m^2。

从而可以得出在距陶瓷过滤器过滤表面为 $x + dx$ 的微单元体出口截面上炭黑颗粒逃逸速率（个/s）为：

$$\omega_{A,esp} = n_{cb} \bar{u}_f (1 - \langle S_{REV} \rangle) \tag{8-9}$$

而每单位体积含尘气体通过该微单元体后逃逸炭黑粒子的数密度为：

$$n_{V,esp} = n_{cb} + dn_{cb} = n_{cb}(1 - \langle S_{REV} \rangle) \tag{8-10}$$

化简式(8-10)可得：

$$dn_{cb} = -\frac{n_{cb} \eta_i m_{cer} \pi a_{cer}^2 dx}{4} \tag{8-11}$$

由该式可以表示通过陶瓷滤料微单元体的颗粒数密度的变化情况。

并且式(8-11)可转化为以下表达式：

$$\frac{dn_{cb}}{dx} = -\frac{n_{cb} \eta_i m_{cer} \pi a_{cer}^2}{4} \tag{8-12}$$

式(8-12)对陶瓷滤料的厚度 δ_{cer} 进行积分可得：

$$\frac{n_\delta}{n_0} = \exp\left(-\frac{\eta_i m_{cer} \pi a_{cer}^2 \delta_{cer}}{4}\right) \tag{8-13}$$

式中 n_0——进入厚度为 δ_{cer} 的陶瓷滤料的炭黑颗粒的初始数密度，个/m^3；

n_δ——离开厚度为 δ_{cer} 的陶瓷滤料的炭黑颗粒的出口数密度，个/m^3。

由于陶瓷滤料颗粒有非均一粒径，因此在计算时以陶瓷颗粒的平均中位径 $\bar{a}_{cer}$

代替 a_{cer}，这样所得每个颗粒的单颗粒捕集效率 η_i 才会符合均等假设。

过滤材料的穿透能力通常用出口数密度与入口数密度比值的百分数 PN 来描述，可以将此百分数称为穿透率，定义为[10]：

$$PN = \frac{n_\delta}{n_0} \times 100\%$$ (8-14)

每单位陶瓷过滤材料的厚度值称为过滤指数，记为 $\gamma(1/m)$，则有：

$$\gamma = \frac{\eta_i m_{cer} \pi a_{cer}^2}{4}$$ (8-15)

从而陶瓷过滤材料的穿透率可以用下式表达：

$$PN = \exp(-\gamma \delta_{cer}) \times 100\%$$ (8-16)

将式(8-1)代入式(8-15)消除 m_{cer} 可得过滤指数的表达式为：

$$\gamma = \frac{3PK\eta_i}{2a_{cer}}$$ (8-17)

并且总捕集效率 η_c 可以由以下公式表达：

$$\eta_c = \frac{n_0 - n_\delta}{n_0} = 1 - P$$ (8-18)

8.3　陶瓷过滤集尘效率时间特性

除尘效率是陶瓷过滤器除 Δp 以外的另一个重要特征，达到高效率除尘是研究工作的最主要目的之一，使用洁净陶瓷过滤器进行除尘的时候，由于初始没有粉饼形成，因而初始的时候只有陶瓷过滤而没有粉饼过滤，因而过滤效率较为低下，而当粉饼达到一定的累积时，过滤效率会随粉饼的增加而迅速上升，此时的过滤主要为粉饼过滤，陶瓷过滤只起辅助作用。

图 8-5 显示了粉尘在陶瓷管壁累积过程中过滤效率的时间特性，从图中可以看出洁净陶瓷管过滤时的初始过滤效率并不高，结果显示只有 42%～71%。随着过滤时间的增加，过滤效率开始呈现非线性增长，这是由于粉饼的不断增长与粉饼的坍塌引起孔隙率变小和厚度增加，使得孔隙对粉尘颗粒的拦截效果增强，并且厚度增加使得孔道的弯曲长度增加，更有利于超细微粒的滞留。通过观察发现，效率曲线在初始阶段上升较快，随着时间的增加，效率的增加幅度逐渐变缓。这是由于在初始阶段粉饼刚刚出现，粉饼的厚度较薄，稍有微小的变化即可引起过滤效率较大

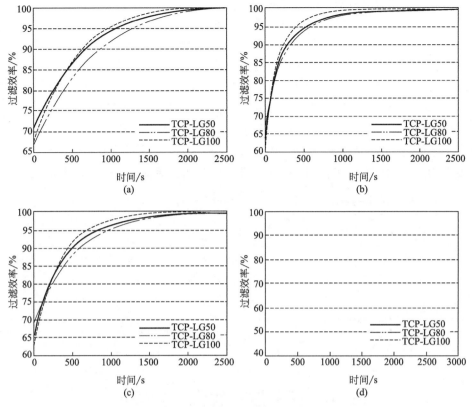

图 8-5 粉尘在陶瓷管壁累积过程中过滤效率的时间特性

(a) $c_0 = 2.420\text{g/m}^3$，$Q_f = 1518\text{m}^3/\text{h}$；(b) $c_0 = 7.687\text{g/m}^3$，$Q_f = 1518\text{m}^3/\text{h}$；

(c) $c_0 = 2.420\text{g/m}^3$，$Q_f = 2317\text{m}^3/\text{h}$；(d) $c_0 = 7.687\text{g/m}^3$，$Q_f = 2317\text{m}^3/\text{h}$

的增长，当粉饼逐渐增加时，增加的粉尘量相对于陶瓷管上已有的粉饼量较小，而且粉饼的过滤只有有限的厚度起过滤作用，再增加的粉饼厚度对过滤拦截的效果影响不大。因此，过滤效率对增加的粉饼就会越来越不敏感，从而使得效率曲线变得越来越平缓，并接近一个最大值。这个最大值几乎接近99.99%，因此在粉饼的辅助作用下，陶瓷过滤器的过滤效率相当高。通过比较在不同的操作条件下的过滤效率曲线，发现在 c_0 较大的情况下，效率随时间升高比较快，这是因为在 c_0 较大的情况下粉饼的增长速度较快，因而增强了粉饼的过滤作用。而且，在 Q_f 大的条件下，效率随时间的增大也比较快，这是由于在 Q_f 较大的条件下，在相同的截面积 Q_f 必定较快，从而陶瓷过滤管在单位时间内所接收的粉尘量相对较大，因而粉饼的增长速度也比较快，从而使得效率曲线的变化速度加快。通过比较几种规格的陶瓷过滤管发现，型号为 TCP-LG100 的过滤管过滤效果最好，在粉尘的增长情况最易达到高效过滤的状态，在第 7 章中曾介绍过 TCP-LG100 过滤管是过滤阻力最大的陶瓷过滤元件，因而还可以得出一个结论：在过滤阻力越大时，则过滤效率越高；而过滤效率越低，过滤阻力也越小。

表 8-1 显示了在不同的 c_0 与 Q_f 条件下各种陶瓷管的初始除尘效率与稳定除尘效率，从表中可以看出，在使用没有粉饼形成的陶瓷过滤管作为过滤元件时，过滤器的过滤效果较差，这种除尘效率可能达不到某些工业除尘的要求，但是当陶瓷过滤稳定后，发现过滤效率非常高，尤其是当 Q_f 最小（$Q_f = 2317\text{m}^3/\text{h}$）和 c_0 最低（$c_0 = 7.687\text{g}/\text{m}^3$），并采用 TCP-LG100 作为过滤元件时，粉饼形成后的稳定过滤效率高达 99.91%，因此，在实际操作过程中，结合 Δp 一起考虑除尘效率时，调节操作条件是很有必要的。从表 8-1 中可以明显地比较出各种条件的优劣，例如，如果在 Q_f 较大且高 c_0 下使用陶瓷过滤器，则采用过滤性能较好的过滤元件。

表 8-1　在不同的浓度与风量条件下各种陶瓷管的初始除尘效率与稳定除尘效率

$Q/(\text{m}^3/\text{h})$	$c_0/(\text{g}/\text{m}^3)$	TCP-LG50		TCP-LG80		TCP-LG100	
		$\eta_{初始}$	$\eta_{稳定}$	$\eta_{初始}$	$\eta_{稳定}$	$\eta_{初始}$	$\eta_{稳定}$
1518	2.420	0.7107	0.9978	0.6688	0.9985	0.6752	0.9991
1518	7.687	0.6537	0.9958	0.6732	0.9967	0.6222	0.9973
2317	2.420	0.6547	0.9964	0.6909	0.9965	0.6305	0.9967
2317	7.687	0.5174	0.9968	0.6289	0.9964	0.4213	0.9982

8.4　陶瓷过滤集尘数学模型

根据第 7 章讨论的结果发现，由于含尘气体中炭黑粉尘连续不断地在陶瓷过滤器上沉积，这样使得过滤器的 EIMP 不断减少。当炭黑粒子层的孔隙率等于陶瓷过滤材料的孔隙率时，炭黑颗粒开始在陶瓷过滤管的表面沉积，滤饼层开始形成[11]，陶瓷过滤器的过滤形式逐渐由深层过滤变为表面过滤和深层过滤相结合的形式。表面过滤与深层过滤不仅让传统陶瓷过滤材料在过滤过程中起重要的作用，而且沉积下来的烟尘逐渐由辅助过滤作用变为了主要过滤作用。甚至很多情况下，有的陶瓷过滤材料一开始就有表面过滤作用存在，随着沉积粉饼层逐渐变厚，粉饼层的孔隙率与厚度都不断地发生变化，使得过滤阻力随着时间发生变化，截留的颗粒数密度也发生了很大的改变，致使陶瓷微孔过滤器的过滤效率也发生了很大的改变。在研究陶瓷微孔过滤炭黑粉尘时，表面过滤的理论研究是很有必要的。

很多研究者通常把过滤形式分为内部过滤和表面过滤两种情况进行考虑，采用这种考虑形式分析起来通常极其复杂，计算过程也极为烦琐。一些研究者采用类似于洁净陶瓷过滤材料过滤的方法进行建模分析，这种方法在一些应用领域有其合理的地方，但是从整体过滤的理论上进行考虑也有很多不足。对于洁净陶瓷过滤材料从稳态过滤过程逐渐发展到非稳态过滤过程，深层过滤与表面过滤实际已经同时存在，即既有炭黑粒子渗透进入陶瓷微孔内部，也有粉尘沉积在陶瓷管的表面，因而从理论上应同时考虑深层过滤与表面过滤也是较为合理的。通过 7.6.3 部分的讨论发现，每次陶瓷过滤器通过清灰处理以后，嵌入陶瓷微孔内部的炭黑粉尘并不完全被清除，如果生硬地把深层过滤与表面过滤分开考虑，就要同时研究瞬态变化的陶瓷内部孔隙率，以及瞬态变化的粉饼孔隙率及变化的粉饼厚度。随着表面粉饼的增厚，并且随着风压的作用粉饼变得致密，粉饼逐渐成为主要过滤层，表面过滤的作用远大于深层过滤，

$$\frac{\eta}{\eta_0} = \frac{\lambda}{\lambda_0} = F(\alpha, \sigma) \qquad (8\text{-}19)$$

由式(7-8)可得过滤效率随 σ 的变化规律为

$$\eta = \eta_0 \left(1 + \alpha \frac{\sigma}{\varphi_0}\right)\left(1 - \frac{\sigma}{\varphi_0}\right) \qquad (8\text{-}20)$$

根据式 (7-14) 所得的 σ 与时间的关系，即可得过滤效率随时间变化的关系。

由于微单元体中污染物质量守恒，根据 Walata 等[12]的研究可知 σ 的非稳态方程为：

$$\frac{\partial \sigma}{\partial t} = \frac{u_f}{l} c_{in} \eta_0 F(\sigma_i) \prod_{k=1}^{i-1} [1 - \eta_0 F(\sigma_k)] \qquad (8\text{-}21)$$

式中如果采用 Happel 模型，则：

$$l = \frac{2a_c}{3(1-\varphi)} \qquad (8\text{-}22)$$

如果采用管状模型，则：

$$l = a_c \left[\frac{\pi}{6(1-\varphi)}\right]^{1/3} \qquad (8\text{-}23)$$

由式(7-10)可以得出

$$\frac{\partial \sigma}{\partial t} = -\frac{u_f}{\rho_s} \times \frac{\partial c}{\partial \delta} \qquad (8\text{-}24)$$

将式(8-24)代入式(8-21)可得

$$\frac{\partial c}{\partial \delta} = -\frac{\rho_s}{l} c_{in} \eta_0 F(\sigma_i) \prod_{k=1}^{i-1} [1 - \eta_0 F(\sigma_k)] \qquad (8\text{-}25)$$

陶瓷多孔介质中的浓度随渗透深度的变化关系为：

$$c = -\frac{\rho_s}{l} c_{in} \eta_0 F(\sigma_i) \prod_{k=1}^{i-1} [1 - \eta_0 F(\sigma_k)] \delta_{rev} \gamma_1 + \gamma_2 \qquad (8\text{-}26)$$

式中 γ_1, γ_2——待定常数。

在陶瓷过滤材料中的污染浓度存在以下边界条件：

$$c|_{\delta=0} = c_0, c|_{\delta=\delta_{ceramic}} = c_{out} \qquad (8\text{-}27)$$

由此可得待定常数的值为：

$$\gamma_1 = \frac{c_0 - c_{out}}{\dfrac{\rho_s}{l} c_{in} \eta_0 F(\sigma_i) \prod_{k=1}^{i-1} [1 - \eta_0 F(\sigma_k)] \delta_{ceramic}} (\gamma_2 = c_0) \qquad (8\text{-}28)$$

将待定常数代入可得：

$$c = -\frac{\delta}{\delta_{ceramic}} (c_0 - c_{out}) + c_0 \qquad (8\text{-}29)$$

8.5   陶瓷过滤集尘影响因素

8.5.1   比截留量的影响

由于粉尘沉积成粉饼对过滤效率有很大的影响，因此对过滤效率随粉饼比截留量的变化规律的研究是很有必要的，因为可以通过该曲线结合 Δp 一起考虑反吹过程的控制，图 8-6 为除尘效率随 σ 的变化规律，从图中可以发现，过滤效率随着比截留量的增大而非线性增加，这是由于 σ 的增加使得粉饼厚度增加，并且孔隙率在坍塌的作用下被压缩变小，粉饼的滞留粉尘颗粒的效果增强，并且还发现在初始的时候效率曲线的增长速率略大，但随着 σ 增加，效率的增长变得略缓，这是由于前期粉饼厚度较小，稍有厚度变化即会对过滤效率产生较大的影响，在后期粉饼厚度较大，厚度的变化对过滤效率的影响较为微弱。

通过比较在图 8-6(a)～(d) 四种条件下的变化发现 Q_f 较小并且 c_0 较低时，三种规格的陶瓷过滤器的效率随 σ 变化的效率曲线非常接近。当 c_0 不变，随着 Q_f 的增加（$c_0 = 2.420g/m^3$，$Q_f = 2317m^3/h$），TCP-LG80 陶瓷管的效率曲线逐渐增大，此时 TCP-LG50 与 TCP-LG100 的效率曲线依然比较接近。这是由于 TCP-LG50 管的孔隙率比较大，管壁较厚，而 TCP-LG100 管则相反，它的管壁较薄，但其孔隙较小，所以它们的过滤性能比较接近。当容尘量一致时，它们的除尘效率曲线必然很接近。而 TCP-LG80 则在这两方面都有一定的超越，所以其效率曲线

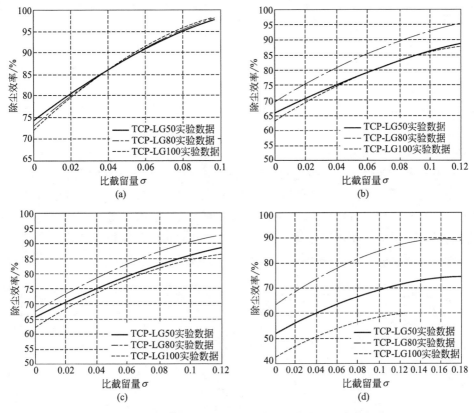

图 8-6　不同的陶瓷过滤器除尘效率随比截留量的变化规律

(a) $c_0 = 2.420 \mathrm{g/m^3}$，$Q_f = 1518 \mathrm{m^3/h}$；(b) $c_0 = 2.420 \mathrm{g/m^3}$，$Q_f = 2317 \mathrm{m^3/h}$；

(c) $c_0 = 7.687 \mathrm{g/m^3}$，$Q_f = 1518 \mathrm{m^3/h}$；(d) $c_0 = 7.687 \mathrm{g/m^3}$，$Q_f = 2317 \mathrm{m^3/h}$

会比这两种管的曲线略高。而当 Q_f 不变，随着浓度增加（$c_0 = 2.420 \mathrm{g/m^3}$，$Q_f =$ $2317 \mathrm{m^3/h}$）时，TCP-LG80 陶瓷管的效率曲线也会出现异常，这表明由于其孔隙率较小而管壁也较厚，无论是 c_0 增大还是 Q_f 增加，都会导致 TCP-LG80 管在单位时间内比其他两种陶瓷过滤管接收粉尘的速度快一些，从而使得 TCP-LG80 管的效率明显比较高，而此时 TCP-LG100 管效率略低一些。当 Q_f 与 c_0 同时增长时，三根管的效率曲线区别比较明显，TCP-LG80 管的效率最高，TCP-LG50 管的效率居中，而 TCP-LG100 管的效率最低，当稳定后 TCP-LG80 管的过滤效果也能达到约 90%，从另一方面说明 TCP-LG80 管在 c_0 和 Q_f 均比较大时的过滤效果要比其他两种管好。

8.5.2　过滤速度的影响

（1）不同时刻除尘效率随速度的变化规律

研究不同陶瓷过滤器的除尘效率随 u_f 的变化规律是很重要的，因为在工业中，

u_f 可以直接通过采样测量出来，如果可通过理论来确定除尘效率随 u_f 的变化曲线，就可以对已知陶瓷过滤器通过测量出来的 u_f 来估计除尘效率。图 8-7 显示了不同时刻不同的陶瓷过滤器除尘效率随 u_f 的变化规律。从图中可以看出，效率速率曲线先随着 u_f 的增大非线性增大，再随着 u_f 的继续增大而急剧减小，当 u_f 足够大时效率值减少至接近零，所以 η-u_f 曲线会呈现一个约 3/4 的钟罩曲线形状，其中在增大与减小的拐点处会发现一个峰值，这个峰值即为最大效率点。从程序计算所得数据可知，这些峰值点在 $94\%\sim99\%$ 之间，其中以 TCP-LG100 的效率峰值点略低。其主要原因为该种规格的滤管对条件变化的适应性较差，当 u_f 足够大导致三种管的效率较低时，三种管的效率曲线基本重合，而当达到效率峰值点时，三种管的峰值点明显不在同一个位置，其中 TCP-LG80 与 TCP-LG100 的滤管效率峰值点比较接近。而以 TCP-LG50 滤管效率峰值点最高，其主要原因是 TCP-LG50 滤管的孔隙率最大，使得容尘量最大，在 c_0 较高时接收的粉饼量最多，过滤面积又最小，而且管壁最厚，这些都是增加过滤效率的有利条件。

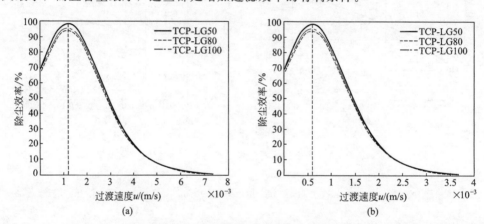

图 8-7   在不同的时刻不同的陶瓷过滤器除尘效率随速度的变化规律

(a) $t=50\text{s}$；(b) $t=100\text{s}$

在初始阶段，η 先随着 u_f 的增大而增大，再随 u_f 的增大而减小。其主要原因在于，当 u_f 较小时运动粉尘捕集机理为渗透扩散与碰撞拦截，此时主要以渗透扩散为主，而碰撞拦截出现的频次较低，使得粉尘颗粒的捕捉率较低。因此，此种 u_f 情况下除尘效率较低；随着 u_f 的逐渐增大，渗透扩散却相对地有所减弱，而碰撞拦截的频率逐渐增强，这样使得粉尘颗粒的捕捉频率大大提高。因而此时的过滤效率会随着 u_f 的增大而有很大的提高；当 u_f 继续增大到一定程度时，含尘气体中的粉尘穿透能力得到了很大的加强，而碰撞概率相应地有所减小，而渗透扩散更加少，这时的粉尘捕捉能力会有所降低，因而此时的捕捉效率有所下降，随着 u_f 越来越大，粉尘过滤时的穿透能力越来越强，这样过滤介质的捕捉能力也就越来越低，相应地除尘效率会随着 u_f 的增大而降低。

通过比较过滤时间分别为50s与100s时获得的η-u_f曲线，发现在100s时形成的钟罩曲线的u_f较低，而在50s时形成的钟罩曲线的u_f较高。这是因为100s时形成的粉饼比50s时的粉饼的量多，并且厚度也大一些，因而100s时的粉饼捕捉粉尘的效果好一些。只要稍微增大一些u_f就可以大大地提高除尘效率，但u_f不能太大，否则会导致过滤器发生穿透现象。这样除尘效率会随u_f的增大而下降得很快，过滤后50s与过滤后100s时效率峰值点的u_f分别为1.24mm/s和0.73mm/s。

（2） 在不同的过滤浓度下除尘效率随速度的变化规律

图8-8显示了在不同的c_0时不同的陶瓷过滤器除尘效率随u_f的变化规律。

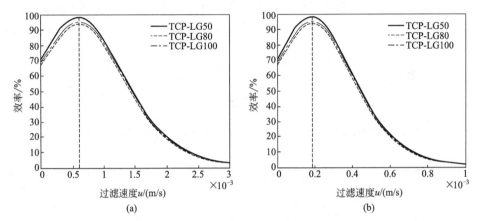

图8-8　在不同的过滤浓度时不同的陶瓷过滤器除尘效率随速度的变化规律

（a）$c_0 = 2.420 \text{g/m}^3$；（b）$c_0 = 7.687 \text{g/m}^3$

从图8-8中可以看出除尘效率曲线仍然是钟罩形状，但在不同的c_0下，钟罩曲线形成的u_f不同，从图中可以看出，当c_0较高（$c_0 = 7.687 \text{g/m}^3$）时，只需要较小的u_f即可达到效率峰值点，这主要是因为在c_0较高时，粉饼形成速度较快，因而相对c_0较低（$c_0 = 2.420 \text{g/m}^3$）的过滤条件下所得粉饼的量较多，因而对于粉尘的拦截捕集相对比较容易一些，因此只需要稍微增大u_f即可达到效率峰值点，同样地，u_f也不能增加过大，否则粉尘颗粒可能穿透多孔介质，导致效率降低，在$c_0 = 2.420 \text{g/m}^3$和$c_0 = 7.687 \text{g/m}^3$时，效率峰值点的u_f分别为0.6mm/s和0.18mm/s。

8.6　本章小结

通过本章研究，可以更深入地了解粉饼的增长对除尘效率的影响。这一部分主要采用一个数学模型研究了σ的增长，不同型号的过滤元件，Q_f、c_0以及过滤时间对过滤效率的影响，其中不同型号的陶瓷过滤管的孔隙率、管壁厚度、过滤面积等一些参数对除尘效率都产生影响。通过研究表明，如果可以改变操作条件，则选取合理的 Q_f 与 c_0 对于提高过滤效率是很有利的，而且较小的 Q_f 及较高的 c_0 可以很大程度上提高过滤效率；而对于操作条件无法调节时，可以通过选取合理的陶瓷过滤管来提高过滤效率。上述研究发现，容尘量大使得粉饼厚实、初始孔隙率较小、管壁较厚、过滤面积较小，这些均是提高过滤效率的有利条件，但这条件却又是与 Δp 相悖的，因为采用这些陶瓷滤管作为过滤元件时，其阻力必定会大大升高，而系统的 Δp 是有限制的，因此根据这些给定的限制将除尘效率与 Δp 结合在一起考虑是必须的，在选取过滤介质材料时应当注意这些问题，从而根据第 4 章与本章的研究内容，在给定规定的过滤效率与 Δp 限制时，即可相应选择正确的过滤元件。

参考文献

[1] 蔡桂英，袁竹林. 用离散颗粒数值模拟对陶瓷过滤器过滤特性的研究. 中国电机工程学报，2003，(12)：206-210.

[2] Ranz W E, Wong J B. Impaction of Dust and Smoke Particles on Surface and Body Collectors. Industrial & Engineering Chemistry，1952，44（6）：1371-1381.

[3] 刘江红，潘洋. 除尘技术研究进展. 辽宁化工，2010，39（05）：511-513.

[4] Alvin M A, Lippert T E, Lane J E. Assessment of porous ceramic materials for hot gas filtration applications. American Ceramic Society Bulletin，1991，70（9）：1491-1498.

[5] Eggerstedt P M, Zievers J F, Zievers E C. Choose the right ceramic for filtering hot gases. Chemi cal Engineering Progress，1993. 89：62.

[6] De Freitas N L, Gonçalves J a S, Innocentini M D M，et al. Development of a double-layered ceramic filter for aerosol filtration at high-temperatures：The filter collection efficiency. Journal of Hazardous Materials，2006，136（3）：747-756.

[7] Endo Y, Chen D-R, Pui D Y H. Collection efficiency of sintered ceramic filters made of submicron spheres. Filtration & Separation，2002，39（2）：42-47.

[8] 迟化昌，姬忠礼，韦荣方. 天然气用纤维过滤器非稳态性能实验研究. 中国石油大学学报（自然科学版），2007，(06)：87-91, 97.

[9] Davies C N. Air filtration. New York：Academic Press，1973.

[10] Ogawa A. Separation of particles from air and gases. United States：CRC Press, Boco Raton, FL, USA，1984.

[11] 丁建东，唱鹤鸣，吉晓东，等. 空气过滤形成滤饼的模拟研究. 过滤与分离，2009，19（01）：10-13.

[12] Walata S A, Takahashi T，Tien C. Effect of particle deposition on granular aerosol filtration：a comparative study of methods in evaluating and interpreting experimental data. Aerosol Science and Technology，1986，5（1）：23-37.

第9章

陶瓷过滤器脉冲清灰过滤模型

9.1 引言

由于陶瓷过滤器在工业上已广泛应用[1]，烟尘气体中的粉尘会在管壁上不断累积，所以对陶瓷过滤器进行清灰操作是很有必要的，因为陶瓷过滤器属于刚性过滤器，所以伴随有清灰操作的过滤过程与布袋过滤有很大的不同，其一是没有像布袋一样的充气膨胀清灰动作，因此对富集于管壁上的顽固性粉尘不易清理，其二在清灰气流与粉饼相接触之前必须经过有一定厚度的陶瓷滤管，这样陶瓷滤管也大大地削弱了反吹清灰的 Δp。实践表明，采用恒定 Q_f 反吹清灰的效果并不佳[2]，因为持续稳定的 Q_f 作用下，只能清除少量松弛粉尘，而不能够清除大量顽固性粉尘，只有通过高压气体脉冲反吹才能清掉一些顽固性粉尘，因此高压气体脉冲反吹在陶瓷过滤中是一种很重要的清灰方式。

陶瓷过滤器既然不存在膨胀清灰过程，就不会有整块粉饼被纤维膨胀弹力弹脱的情况。一般来说，通过脉冲反吹清灰操作后，陶瓷过滤器表面粉饼会有局部块状脱落[3,4]，如果气体与陶瓷的接触面 S_{g-c} 所占总过滤面积 S_f 的分率不等于1（$S_{g-c}/S_f \neq 1$），则未被吹脱的粉饼与剥脱的粉饼必然分别占有一定的面积分率，并且两者的面积分率之和为1。清灰后的过滤过程为粉尘继续在过滤介质外表面覆盖，也就是说，既会在清灰后的陶瓷管外表面覆盖，也会在未清掉的粉饼表面覆盖，当达到第二轮清灰之前时，被清灰吹脱的陶瓷管表面又会累积到第一次过滤之后的厚度，而上轮中没有被吹脱的粉饼又会增长到一个新的厚度，再次经过清灰操作后，每个不同的厚度区域都有被清理掉的粉饼小块和未被清理掉的小块，这样就会形成三种面积分率，它们之和也为1，这样就会像上轮循环一样继续，经过反复的反吹清灰循环之后，陶瓷管表面就会有接近真实情况的各种各样厚度的滤饼存在，并且存在很多种面积分率，并且这些面积分率之和也为1，对于这样复杂的情况，很难有数学模型能准确地描述。

Ravin 和 Humphries 曾经提出了一种同时包括脉冲反吹清灰与过滤过程的过滤器模型[5]，而这种模型的预测结果只有一些数据点吻合，因此它的使用具有很大的限制性：首先，模型的参数太过依赖于操作环境条件，比如温度和湿度等，随着这些操作条件的变化，模型参数很有必要进行修正；其次，在该模型公式中没有考虑滤饼可能在过滤风压的作用下的坍塌；最后，这点也可能是最重要的，该模型公式是基于稳态假设，而实际模型一般是非稳态的。所以，如果在实际操作过程中带有干扰或者过滤过程中要求加入干扰，则该模型就不太适合用作过滤模型，因为过滤中的瞬态特性很难用该模型描述出来。

Ju 等也提出了一个 Ju-Chiu-Tien 脉冲反吹过滤模型[6]，该模型克服了 Ravin 和 Humphries 模型的缺点，很好地描述了过滤过滤程中的瞬态特征，也考虑了在风压作用下粉饼的坍塌，然而，他们在计算平均速度时没有考虑单位面积粉饼质量分率的权重，这样计算出的平均速度有些失真，不能真实地反映瞬态速度的时间特征。

基于以上考虑，本章的主要工作是在考虑瞬态过滤以及外界扰动的情况下，建立一个简单的脉冲反吹过滤模型，该模型既考虑了粉饼在过滤过程中的坍塌，又考虑了单位面积粉饼质量分率的权重，由此所求得的加权平均瞬态速度作为过滤的平均速度，这样就不会导致速度失真，从而准确地描述在脉冲反吹过滤的动态过程。

9.2　陶瓷过滤与布袋过滤的区别

图 9-1 显示了陶瓷过滤器与纤维过滤器脉冲反吹清灰的区别。从图中可以看出，由于陶瓷过滤器是刚性过滤器，脉冲反吹操作时没有形变发生，而在相同的操作条件下，纤维过滤器在脉冲反吹风压的作用下，纤维过滤元件与粉饼层均有很大的变形。纤维过滤器的清灰主要是由于较高的脉冲风压（0.4～0.7MPa）瞬间释放，从而作用在具有柔性的纤维织物过滤袋的内壁上，使得织物过滤袋随着风压发生膨胀。一般来说，反吹脉冲的宽度较窄，膨胀压力在瞬间释放，并马上在瞬间消失，因此，织物过滤袋在发生膨胀之后会马上松弛下来，这样，纤维过滤器就在织物过滤袋"膨胀-收缩"的过程中得以清理。

而陶瓷过滤器则不然，由于是刚性过滤器，即使在较高的反吹风压作用下，过滤元件也不会发生膨胀或收缩等形变，通过反吹气囊瞬间释放的气流经过引射器加

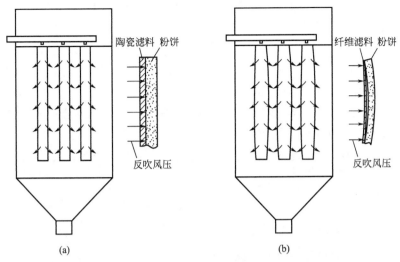

图 9-1　陶瓷过滤器与纤维过滤器脉冲反吹清灰的区别

（a）陶瓷过滤器脉冲反吹；（b）纤维过滤器脉冲反吹

速后，经过多孔陶瓷过滤介质分布均匀，使得粉饼受到一组平行的脱附力。当反吹风压产生的脱附力足以克服粉饼与陶瓷过滤管表面之间的附着力以及粉饼内部的内聚力时，粉饼局部或整体开始脱落，由于刚性的陶瓷过滤器没有过滤元件与粉饼的"膨胀-收缩"过滤，因此，陶瓷过滤器的清灰比较困难，清灰效果不如纤维过滤器好，并且在清灰的过程中有局部粉饼未脱落，在反复清灰过滤的作用下，在陶瓷过滤元件表面形成凹凸不平的粉饼层，这种粉饼层有利于增加过滤效率，同时又增大过滤含尘气体的过滤阻力。

9.3　陶瓷过滤数学模型构建

在图 9-1 所示的陶瓷过滤器中，有很多陶瓷过滤管均匀地分布在分隔花板上，并由花板与陶瓷过滤元件总成组成的分隔层将过滤空间分成两个隔间，在陶瓷过滤元件与含尘气体接触的一侧的隔间称为粉尘沉降室，在净气侧的隔间称为净气室，含尘气体径向穿越陶瓷过滤元件管壁，因此沉降下来的粉尘颗粒被捕获在陶瓷过滤管的外侧或者在重力作用下沉降于灰斗内，过滤后的洁净气体从管内侧空间进入净气室，当粉饼层形成到一定的厚度时（见第 8 章），开始执行反吹操作，反吹压力是在每一根陶瓷管的净气出口使用瞬态压缩空气脉冲，这个脉冲使得有一个瞬间突然向管外喷吹的气压穿透陶瓷壁后作用在粉饼上，从而产生一个较大的瞬态脱附力，使得部分粉饼从管壁上脱落下来，以达到清灰的效果。由于清灰操作是一个瞬态动作，在停止清灰后过滤过程又会使得粉尘再次增加，因此，脉冲反吹过滤是一个循环过程，每一轮循环都有连续过滤与间歇脉冲反吹，而且连续过滤的时间要远远比间歇脉冲反吹的时间长，由此可以将两次间歇脉冲反吹之间的过滤持续时间作为一轮循环的时长。对于一般的粉饼层过滤理论，可以从过滤总压降与过滤分压降之间的关系来考虑，即过滤总压降由两部分组成，一部分是洁净陶瓷过滤元件产生的压降，这部分压降只与陶瓷管的特性参数有关，一旦选定了某一规格的陶瓷管，则洁净陶瓷管产生的压降是恒定不变的，另一部分是粉饼层产生的压降，这部分压降的变化十分复杂，因为粉饼层是随时随着过滤条件以及间歇脉冲反吹清灰操作而变化的，总压降可以表示为[7]：

$$\Delta p = \mu R_{cm} u_f + \mu \overline{K}_{sr} W u_f \tag{9-1}$$

式中　μ——烟气黏度；

　　R_{cm}——多孔陶瓷管的阻力系数；

　　u_f——气体的渗滤速度；

　　$\overline{K}_{sr}$——粉饼层的比饼阻；

　　W——每单位面积上沉积粉尘的质量。

在含尘气体过滤中，式(9-1)通常表示为：

$$\Delta p = (k_1 + k_2 W) u_f \tag{9-2}$$

式中，$k_1 = \mu R_{cm}$，$k_2 = \mu \overline{K}_{sr}$。

一般来说，在陶瓷过滤器表面形成的粉饼在过滤风压的作用下是可压缩的，因此粉饼的比饼阻也不是恒定的，它会随粉饼的压缩而变化，由此粉饼的比饼阻 $\overline{K}_{sr}$ 可以表示为[7]：

$$\frac{1}{\overline{K}_{sr}} = \frac{\int_0^{(p_s)_{max}} \dfrac{1}{K_{sr}} \mathrm{d}p_s}{(p_s)_{max}} \tag{9-3}$$

式中　p_s——压应力函数；

　　$(p_s)_{max}$——最大压应力；

　　K_{sr}——局部比饼阻。

如前所述，陶瓷过滤器的清灰主要是由一阵压缩空气流产生的硬挤压来排斥粉饼的附着，随着气流迅速穿透陶瓷管作用在粉饼上，在粉饼与陶瓷管之间产生了强大的脱附力，脉冲反吹气流产生每单位面积的粉饼脱附力（F_{disl}）为：

$$F_{disl} = \Delta p_{pulse} A_\delta \tag{9-4}$$

式中　Δp_{pulse}——脉冲产生的压降；

　　A_δ——单位面积的粉饼覆盖。

粉饼形成的力主要由附着力与内聚力组成，当附着力小于内聚力时，如果由于压缩空气喷吹使得粉饼的脱附力大于粉饼的附着力，有一些块状的粉饼从局部管壁上脱落，这时就形成了清灰。由于每一处粉饼与管壁之间的附着力不是恒定值，因此清灰时粉饼不是均匀整体脱落。在附着力小于脱附力的地方粉饼会出现脱落，而在附着力大于脱附力的地方粉饼即使受到压缩空气的喷吹也不会脱落。在反复的过滤与清灰循环中，陶瓷管壁表面会形成厚度不均的粉饼层。粉饼与陶瓷滤管之间的附着力分布可近似表示为对数分布函数[5]，相应地，对于某一脱附力值，粉尘沉积覆盖某一厚度的面积分率可表示为：

$$f = \frac{\int_0^{F_{disl}} f(F_{ad})\mathrm{d}F_{ad}}{\int_0^\infty f(F_{ad})\mathrm{d}F_{ad}} = \frac{1}{\sqrt{2\pi}}\int_{-\infty}^y \mathrm{e}^{-(1/2)\tau^2}\mathrm{d}\tau \tag{9-5}$$

$$y = \frac{\lg F_{disl} - \lg F_{med}}{\lg \sigma_{std}}$$

式中　F_{ad}——附着力；

　　$f(F_{ad})$——F_{ad} 的频率分布函数；

　　F_{med}——F_{ad} 的中值；

　　σ_{std}——标准方差。

对于陶瓷过滤器，这些值都可以由实验测定。

9.4　陶瓷过滤清灰循环过程

如前所述，粉饼在沉降过程中既不能完全覆盖成均一的厚度，也不能完全被吹脱，因而，不同的厚度具有不同的面积分率，并且在每一个厚度处的 u_f 与产生的 Δp 都不一样，为了研究每一轮循环面积分率、u_f 与 Δp 的变化，假设在过滤初始洁净的陶瓷滤管，其外表面无粉尘沉积，每单位面积的粉尘质量为 0（$W_0 = 0$），假设初始过滤后粉尘沉降覆盖均匀，整个陶瓷滤管的外表面每单位面积的粉尘质量为 W_1，经过第一轮脉冲反吹清灰后，陶瓷滤管表面有一部分粉饼在脉冲反吹气压的作用下被吹脱，而另外一部分粉饼未发生变化，每单位面积的粉尘质量依然为 W_1，经过脉冲反吹清灰后进入第一轮过滤循环，粉尘又继续在陶瓷滤管的表面进行沉降，经过第一轮过滤后，被清灰的表面沉降的每单位面积粉尘质量为 W_1，原有 W_1 的表面经粉尘沉降后，变为每单位面积粉尘的质量为 $W_1 + W_2$，过滤后进行第二轮脉冲反吹清灰处理，清灰后 W1 与 $W_1 + W_2$ 的表面分别有部分粉饼被吹脱，这时的陶瓷滤管每单位面积的粉饼质量分别为 0，W_1 与 $W_1 + W_2$，经过滤后，其质量变为 W_1，$W_1 + W_2$ 与 $W_1 + W_2 + W_3$，这样经过反复的过滤清灰操作后，第 i 轮循环清灰后，每单位面积的粉饼质量分别为 0，W_1，$W_1 + W_2$，…，$\sum_{i=1}^n W_i$，经过再次过滤后，每单位面积的粉饼质量变成 W_1，$W_1 + W_2$，$\cdots$，$\sum\limits_{i=1}^{n+1} W_i$，并且每一个面积质量都有不同的面积分率。循环中粉尘沉积形成的粉饼累积层见图 9-2。

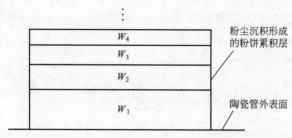

图 9-2　循环中粉尘沉淀形成的粉饼累积层

9.5　陶瓷过滤清灰修正模型

9.5.1　模型基本假设

为了精确研究粉饼局部沉积与吹脱的规律，Ju 等提出了一个 Ju-Chiu-Tien 脉冲反吹过滤模型（Ju-Chiu-Tien pulse-jet filtration model）[6]，该模型主要以二分叉树枝结构为研究基础，假设局部粉尘只存在吹脱与未吹脱两种可能，吹脱后单位面积的粉尘质量为 0，未吹脱的粉尘保持原来的质量不变，这样单位面积的粉尘质量变化符合以上描述的规律[6]，但是 Ju 在进行 Δp 描述时未对 Δp 进行面积分率分布，因此，本模型主要对 Δp 进行面积分率加权处理，模型主要基于以下几点假设：

① 在洁净陶瓷管表面粉尘沉积分布均匀，厚度均一，单位面积的粉尘质量处处相等；

② 粉饼单次循环所产生的粉饼内部孔隙均匀，在相同的粉饼层内，厚度均一，单位面积的粉尘质量处处相等；

③ 层与层之间有明显的分界面，不相互重叠，不同的粉饼层的厚度不同，单位面积的粉尘质量也不同；

④ 粉尘沉降只产生新粉饼层，原有粉饼层在过滤时单层粉饼的厚度与体积不会发生变化，即不会因为过滤而产生粉饼形变；

⑤ 粉饼在脉冲反吹清灰操作时，只有两种情况发生，要么局部粉饼整块被吹脱，要么局部粉饼完好，在吹脱过程不会发生粉饼层之间的剥离。

9.5.2　清灰过滤循环建模

　　图 9-3 显示了脉冲反吹过滤循环过程中粉饼增长脱落分叉树枝示意图，从图中可以看出，粉饼的增长符合二分法则，每一轮循环中所有部分的面积分率之和均为

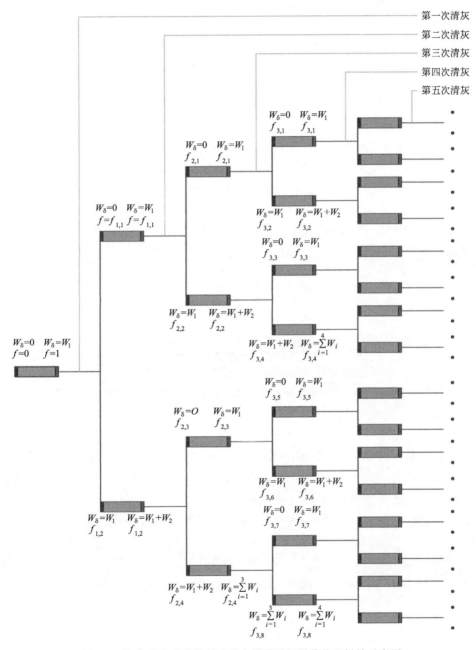

图 9-3　脉冲反吹过滤循环过程中粉饼增长脱落分叉树枝示意图

1，下一轮循环中的面积分率两两相加为上一轮循环的面积分率，单位面积的粉饼质量增长符合 W_0（$=0$）、W_1、W_1+W_2、$W_1+W_2+W_3$、…的级位规律，清灰过滤循环模型如以下内容描述。

（1）洁净陶瓷管过滤

在进入清灰过滤循环之前，首先采用洁净陶瓷管作为模型计算的初始状态，此时没有粉尘沉积在陶瓷滤管上，粉饼的厚度为 0，即单位面积粉饼的质量为 0，初始状态可表达为：

$$f_0(W_0)=0 \tag{9-6}$$

$$\Delta p_0=k_1 u_{f,0} \tag{9-7}$$

式中　　$u_{f,0}$——单位面积粉饼质量为 W_0（$=0$）时的气流渗滤速度；

　　　　$f_0(W_0)$——初始过滤后单位面积粉饼质量为 W_0（$=0$）的粉饼面积分率（即无粉尘沉积的陶瓷管面积分率）。

当过滤器初始状态开始过滤直至第一轮脉冲反吹清灰开始之前为洁净陶瓷管过滤，此时的过滤粉尘沉降分布均匀，即所得粉饼的面积质量的面积分率为 1，此时的状态可表示为：

$$f_0(W_1)=1 \tag{9-8}$$

$$\Delta p_0=(k_1+k_2 W_1)u_{f,1} \tag{9-9}$$

式中　　$u_{f,1}$——单位面积粉饼质量为 W_1 时的气流渗滤速度；

　　　　$f_0(W_1)$——初始过滤后单位面积粉饼质量为 W_1 的粉饼面积分率。

初始状态过滤结束进行脉冲反吹清灰操作后进入第一轮循环。

（2）第一轮清灰过滤循环

经过清灰操作后，有一部分的粉饼被吹脱，而另外一部分却没被吹脱，这就使得有一部分的粉饼每单位面积的质量为 W_0（$=0$），而另外一部分的粉饼每单位面积的质量为 W_1，这样就会有两个面积存在，即 $f_1(W_0)$ 和 $f_1(W_1)$，这两个参数分别代表第一轮循环中 W_0 与 W_1 的面积分率，并且这两个面积分率之和为 1，这样第一轮循环清灰之后、过滤之前的面积分率可以表示为：

$$f_1(W_0)=f_{1,1},f_1(W_1)=f_{1,2} \tag{9-10}$$

式中　　$f_{1,1}$,$f_{1,2}$——第一轮循环中分叉树枝图中所示的粉饼面积分率。

并且：

$$f_{1,1}+f_{1,2}=1 \tag{9-11}$$

第一轮循环初的加权压降与加权速度为：

$$\Delta p_1 = k_1 V_1 + k_2 f_{1,2} W_1 u_{f,1} \tag{9-12}$$

$$V_1 = f_{1,1} u_{f,0} + f_{1,2} u_{f,1} \tag{9-13}$$

第一轮循环过滤结束后，每单位面积的质量分别为 W_0 与 W_1 的粉饼经过粉尘沉积后质量分别变成 W_1 与 $W_1 + W_2$，此时的面积分率没有发生变化，只是相应面积分率的粉饼厚度发生了改变，因此，第一轮循环末的状态可以表示为：

$$f_1(W_1) = f_{1,1}, \quad f_1(W_1 + W_2) = f_{1,2} \tag{9-14}$$

式中 $f_2(W_0)$、$f_2(W_1)$ 和 $f_2(W_1 + W_2)$ 分别是第一轮循环中单位面积粉饼质量为 W_0、W_1、$W_1 + W_2$ 时的面积分率。

第一轮循环末的加权压降与加权速度为：

$$\Delta p_1 = k_1 V_1 + k_2 [f_{1,1} W_1 u_{f,1} + f_{1,2} (W_1 + W_2) u_{f,2}] \tag{9-15}$$

$$V_1 = f_{1,1} u_{f,1} + f_{1,2} u_{f,2} \tag{9-16}$$

（3） 第二轮清灰过滤循环

第二轮循环初的面积分率：

$$\left.\begin{aligned} f_2(W_0) &= f_{2,1} + f_{2,3} \\ f_2(W_1) &= f_{2,2} \\ f_3(W_1 + W_2) &= f_{2,4} \end{aligned}\right\} \tag{9-17}$$

式中 $f_{2,1}$、$f_{2,2}$、$f_{2,3}$ 和 $f_{2,4}$——第二轮循环中分叉树枝图中所示的粉饼面积分率。

$$\left.\begin{aligned} f_{2,1} + f_{2,2} &= f_{1,1} \\ f_{2,3} + f_{2,4} &= f_{1,2} \end{aligned}\right\} \tag{9-18}$$

第二轮循环初的状态可表示为：

$$\Delta p_2 = k_1 V_2 + k_2 [f_{2,2} W_1 u_{f,1} + f_{2,4} (W_1 + W_2) u_{f,2}] \tag{9-19}$$

$$V_2 = (f_{2,1} + f_{2,3}) u_{f,0} + f_{2,2} u_{f,1} + f_{2,4} u_{f,2} \tag{9-20}$$

式中 $u_{f,2}$——单位面积粉饼质量为 $W_1 + W_2$ 时的气流渗滤速度。

第二轮循环末的面积分率：

$$\left.\begin{aligned} f_2(W_1) &= f_{2,1} + f_{2,3} \\ f_2(W_1 + W_2) &= f_{2,2} \\ f_2(W_1 + W_2 + W_3) &= f_{2,4} \end{aligned}\right\} \tag{9-21}$$

式中 $f_2(W_1 + W_2 + W_3)$——第二轮循环中单位面积粉饼质量为 $W_1 + W_2 + W_3$ 时的面积分率。

$$\left. \begin{array}{l} f_{2,1}+f_{2,2}=f_{1,1} \\ f_{2,3}+f_{2,4}=f_{1,2} \end{array} \right\} \tag{9-22}$$

第二轮循环末的状态可表示为:

$$\Delta p_2 = k_1 V_2 + k_2 \left[(f_{2,1}+f_{2,3})W_1 u_{f,1} + f_{2,2}(W_1+W_2)u_{f,2} + f_{2,4}u_{f,3}\sum_{i=1}^{3}W_i \right]$$

$$\tag{9-23}$$

$$V_2 = (f_{2,1}+f_{2,3})u_{f,1} + f_{2,2}u_{f,2} + f_{2,4}u_{f,3} \tag{9-24}$$

（4）第三轮清灰过滤循环

第三轮循环的面积分率:

$$\left. \begin{array}{l} f_3(W_0) = f_{3,1}+f_{3,3}+f_{3,5}+f_{3,7} \\ f_3(W_1) = f_{3,2}+f_{3,6} \\ f_3(W_1+W_2) = f_{3,4} \\ f_3\left(\sum_{i=1}^{3}W_i\right) = f_{3,8} \end{array} \right\} \tag{9-25}$$

式中　$f_{3,1}$、$f_{3,2}$、$f_{3,3}$、$f_{3,4}$、$f_{3,5}$、$f_{3,6}$、$f_{3,7}$、$f_{3,8}$——第三轮循环中分叉树枝图中所示的粉饼面积分率。

$$\left. \begin{array}{l} f_{3,1}+f_{3,2}=f_{2,1} \\ f_{3,3}+f_{3,4}=f_{2,2} \\ f_{3,5}+f_{3,6}=f_{2,3} \\ f_{3,7}+f_{3,8}=f_{2,4} \end{array} \right\} \tag{9-26}$$

第三轮循环初的状态可表示为:

$$\Delta p_3 = k_1 V_3 + k_2 \left[(f_{3,2}+f_{3,6})W_1 u_{f,1} + f_{3,4}(W_1+W_2)u_{f,2} + f_{3,8}u_{f,3}\sum_{i=1}^{3}W_i \right]$$

$$\tag{9-27}$$

$$V_3 = (f_{3,1}+f_{3,3}+f_{3,5}+f_{3,7})u_{f,0} + (f_{3,2}+f_{3,6})u_{f,1} + f_{3,4}u_{f,2} + f_{3,8}u_{f,3} \tag{9-28}$$

第三轮循环末的面积分率:

$$\left. \begin{array}{l} f_3(W_1) = f_{3,1}+f_{3,3}+f_{3,5}+f_{3,7} \\ f_3(W_1+W_2) = f_{3,2}+f_{3,6} \\ f_3\left(\sum_{i=1}^{3}W_i\right) = f_{3,4} \\ f_3\left(\sum_{i=1}^{4}W_i\right) = f_{3,8} \end{array} \right\} \tag{9-29}$$

式中 $f_3\left(\sum\limits_{i=1}^{4}W_i\right)$——第三轮循环中单位面积粉饼质量为 $\sum\limits_{i=1}^{4}W_i$ 时的面积分率。

$$\left.\begin{array}{l} f_{3,1}+f_{3,2}=f_{2,1} \\ f_{3,3}+f_{3,4}=f_{2,2} \\ f_{3,5}+f_{3,6}=f_{2,3} \\ f_{3,7}+f_{3,8}=f_{2,4} \end{array}\right\} \tag{9-30}$$

第三轮循环末的状态可表示为：

$$\Delta p_3 = k_1 V_3 + k_2(f_{3,1}+f_{3,3}+f_{3,5}+f_{3,7})W_1 u_{\mathrm{f},1} + k_2(f_{3,2}+f_{3,6})(W_1+W_2)u_{\mathrm{f},2}$$
$$+ k_2 f_{3,4} u_{\mathrm{f},3} \sum_{i=1}^{3}W_i + k_2 f_{3,8} u_{\mathrm{f},3} \sum_{i=1}^{4}W_i \tag{9-31}$$

$$V_3 = (f_{3,1}+f_{3,3}+f_{3,5}+f_{3,7})u_{\mathrm{f},1} + (f_{3,2}+f_{3,6})u_{\mathrm{f},2} + f_{3,4}u_{\mathrm{f},3} + f_{3,8}u_{\mathrm{f},4} \tag{9-32}$$

(5) 第 n 轮清灰过滤循环

第 n 轮循环面积分率：

$$\left.\begin{array}{l} f_n(W_0) = \sum\limits_{i=1}^{2^{n-1}} f_{n,2i-1} \\[2mm] f_n(W_1) = \sum\limits_{i=1}^{2^{n-2}} f_{n,2(2i-1)} \\[2mm] f_n(W_1+W_2) = \sum\limits_{i=1}^{2^{n-3}} f_{n,4(2i-1)} \\ \qquad\qquad \vdots \\ f_n\left(\sum\limits_{i=1}^{n-1}W_i\right) = \sum\limits_{i=1}^{2^0} f_{n,2^{n-1}(2i-1)} \\[2mm] f_n\left(\sum\limits_{i=1}^{n}W_i\right) = f_{n,2^n} \end{array}\right\} \tag{9-33}$$

式中 $f_{n,1}$、$f_{n,2}$、$\cdots$、$f_{n,2^n}$——第三轮循环中分叉树枝图中所示的粉饼面积分率。

$$\left.\begin{array}{l} f_{n,1}+f_{n,2}=f_{n-1,1} \\ f_{n,3}+f_{n,4}=f_{n-1,2} \\ \qquad\quad \vdots \\ f_{n,2^{n-1}-1}+f_{n,2^{n-1}}=f_{n-1,2^{n-2}} \end{array}\right\} \tag{9-34}$$

第 n 轮循环初的状态可表示为：

$$\Delta p_n = k_1 V_n + k_2 \left\{ \sum_{j=1}^{n-1} \left[\sum_{i=1}^{j} W_i \sum_{i=1}^{2^{(n-1)-j}} f_{n,\,2^j(2i-1)} \right] + f_{n,\,2^n} \sum_{i=1}^{n} W_i \right\} \tag{9-35}$$

$$V_n = \sum_{j=0}^{n-1} \left(u_{\mathrm{f},\,j} \sum_{i=1}^{2^{(n-1)-j}} f_{n,\,2^j(2i-1)} \right) + u_{\mathrm{f},\,n} f_{n,\,2^n} \tag{9-36}$$

第 n 轮循环末的面积分率：

$$\left.\begin{aligned}
f_n(W_1) &= \sum_{i=1}^{2^{n-1}} f_{n,\,2i-1} \\[4pt]
f_n(W_1 + W_2) &= \sum_{i=1}^{2^{n-2}} f_{n,\,2(2i-1)} \\[4pt]
f_n\left(\sum_{i=1}^{3} W_i\right) &= \sum_{i=1}^{2^{n-3}} f_{n,\,4(2i-1)} \\
&\ \vdots \\
f_n\left(\sum_{i=1}^{n} W_i\right) &= \sum_{i=1}^{2^0} f_{n,\,2^{n-1}(2i-1)} \\[4pt]
f_n\left(\sum_{i=1}^{n+1} W_i\right) &= f_{n,\,2^n}
\end{aligned}\right\} \tag{9-37}$$

$$\left.\begin{aligned}
f_{n,\,1} + f_{n,\,2} &= f_{n-1,\,1} \\
f_{n,\,3} + f_{n,\,4} &= f_{n-1,\,2} \\
&\ \vdots \\
f_{n,\,2^{n-1}-1} + f_{n,\,2^{n-1}} &= f_{n-1,\,2^{n-2}}
\end{aligned}\right\} \tag{9-38}$$

第 n 轮循环末的状态可表示为：

$$\Delta p_n = k_1 V_n + k_2 \left\{ \sum_{j=1}^{n} \left[\sum_{i=1}^{j} W_i \sum_{i=1}^{2^{(n-1)-j}} f_{n,\,2^j(2i-1)} \right] + f_{n,\,2^n} \sum_{i=1}^{n+1} W_i \right\} \tag{9-39}$$

$$V_n = \sum_{j=1}^{n} \left[u_{\mathrm{f},\,j} \sum_{i=1}^{2^{(n-1)-j}} f_{n,\,2^j(2i-1)} \right] + u_{\mathrm{f},\,n+1} f_{n,\,2^n} \tag{9-40}$$

由于过滤清灰过程中的二分特性，使得形成的粉饼厚度随循环次数的增加越来越不均匀，并且清灰过程也越来越稳定。

9.5.3 清灰过滤循环程序设计

为了很好地将本数学模型程式化，我们采用 Matlab 7.0 编写程序，图 9-4 显示了脉冲反吹过滤循环过程中粉饼增长脱落计算程序流程图。程序设计了一个树枝分叉循环计算过程，首先根据实验来确定初始条件 $u_{f,0}$、$u_{f,1}$ 和 Δp_0、Δp_1，并通过设定 $W_\delta = W_0 (=0)$ 时 $f_0(W_0) = 0$，$W_\delta = W_1$ 时 $f_0(W_1) = 1$ 来确定 k_1 和 k_2，接下来进行循环后根据式（9-4）计算每轮循环的粉饼脱附力 F_{disl}，再由数理统计得到脱附力中值 F_{med}，并且求出标准方差 σ，这样就可以根据循环的次数 i 求出单位面积粉饼的质量 W_i 及相应的粉饼面积分率 f_i，接下来根据各种不同的单位面积粉饼的质量和面积分率的值来求面积加权压降与面积加权速度，此时将循环数加 1，检测是否达到设定的循环次数，如果还未达到设定的循环次数，则以所得 W_1 作为下一轮循环计算的基础值，如果达到了设定的循环次数，则输出结果。

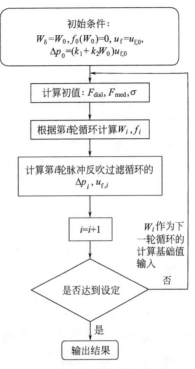

图 9-4　脉冲反吹过滤循环过程中粉饼增长脱落计算程序流程图

9.6　陶瓷过滤循环动态模型影响因素

为了进一步说明该模型的预测能力，通过 Matlab 编程进行了过滤循环过程的计算，计算的初始值如表 9-1 所示，表中列出了两种不同操作条件下的过滤清灰循环操作初始条件，反吹脉冲的压力用一个 6215 压电式压力传感器（瑞士 Kistler 公司生产）测量其随时间变化的波形图，粉饼的比饼阻可根据赵培涛等提供的压滤法[8]采用压滤式比阻测定仪进行测量，烟气中粉尘的浓度采用 TH-VI 880（武汉天虹仪器仪表厂）测定陶瓷过滤器进出口处的粉尘浓度，循环时间采用秒表计时。

表 9-1　过滤清灰循环操作初始条件

操作条件	Δp_{pulse}/MPa	k_1/(kPa·s/m)	k_2/(kPa·s·m/kg)	c/(mg/m³)	T/s
a	6.3	9.76	386	24.3	60
b	4.8	9.33	297	18.6	60

9.6.1　粉饼覆盖面积分率的影响

图 9-5 显示了粉饼覆盖面积分率与过滤清灰循环的关系曲线。从图中可以看出，在循环初始过滤阶段，面积分率随过滤时间呈线性急剧增长。当达到过滤设定的时间后，粉饼覆盖面积分率随着循环次数的增加呈振荡波动，并且振荡波动的幅度会越来越小，最后在某一轮循环过后基本上呈现稳定状态，这是由于在洁净陶瓷管壁上粉尘的附着容量最大，当初始过滤附着的粉尘进行脉冲反吹清灰处理后，附着在陶瓷管壁上的粉尘不会完全被吹脱，还有一部分顽固性粉尘继续附着在管壁上，这部分粉尘依然占有一定的覆盖面积，从而清灰之后的面积分率要比初始的面积分率大一些（即 $f>0$）。当进入下一轮循环后，过滤与清灰的现象与上一循环相似，但是随着清灰次数的增加，清灰后的粉饼面积分率会越来越大，这是由于每一轮循环过后都有一定的顽固性粉尘的增加，使得粉饼所占的面积分率也逐渐增加。由图可知，面积分率的增长速率越来越小，最终接近于零，从而使得过滤清灰循环中的面积分率最终接近于一条水平渐近线，其原因主要是经过反复的过滤与脉冲喷吹后，粉尘附着所占的表面分率逐渐增大，也就是说，陶瓷管粉尘附着容量越来越小，使得每进入下一轮循环后过滤粉尘沉积的增量变少，因而清灰操作后粉饼面积分率的增量也就相应地变小了。

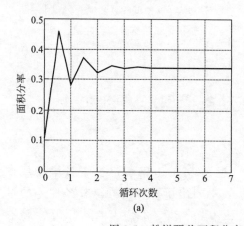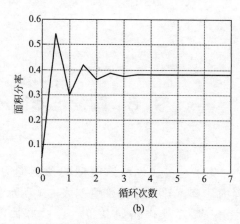

图 9-5　粉饼覆盖面积分率与过滤清灰循环的关系曲线

(a) $\Delta p_{pulse}=6.3$MPa，$k_1=9.76$kPa·s/m，$k_2=386$kPa·s·m/kg，$c=24.3$mg/m³，$T=60$s；

(b) $\Delta p_{pulse}=4.8$MPa，$k_1=9.33$kPa·s/m，$k_2=297$kPa·s·m/kg，$c=18.6$mg/m³，$T=60$s

比较图 9-5(a)与(b)可以发现，在不同的操作条件下粉饼面积分率的水平渐近线也不同，在图 9-5（b）的操作条件时，水平渐近线要比操作条件为图 9-5（a）时的水平渐近线的值大（$a=0.34$，$b=0.37$），这是由于图 9-5（a）的操作条件虽然 c_0 稍高并且比饼阻略大，但其反吹脉冲的压力要比图 9-5（b）的操作条件大得多，在强烈的反吹风压作用下，沉积在滤管上的粉尘更容易被吹脱，因而粉尘沉积量相对会少一些，从而所占的面积分率也会相应地较小。而且，在图 9-5（b）的操作条件时达到稳定的循环次数要多一些，这主要是由于 c_0 较小时，沉降与脱附循环不易达到稳定，因而需要的循环次数会多一些。

9.6.2 瞬态渗滤速度的影响

由于每轮循环之后，在一些局部的地方都会有单位面积粉尘质量的增长，因此 W 的值是在不断改变的，随着 W 的变化，瞬态渗滤速度 $u_{f,t}$ 的时间变化规律也会不断地改变，图 9-6 显示了在不同的粉饼覆盖面积分率时瞬态渗滤速度的时间变化规律，从图中可知，在每种单位面积粉饼质量情况时，瞬态渗滤速度随时间不断呈非线性关系减小，并且在起初减小得比较剧烈，随着时间的增加减小的程度逐渐变缓，这是因为在过滤中不断有粉尘沉积，导致平均加权渗滤速度变小，从而导致在相同面积粉尘质量的瞬态渗滤速度减小，并且起初粉尘的增长程度较为剧烈，因而渗滤速度也减小得比较快，在过滤后期粉尘附着的程度逐渐变缓，使得渗滤速度减弱的程度较缓，直至最后不再减小。

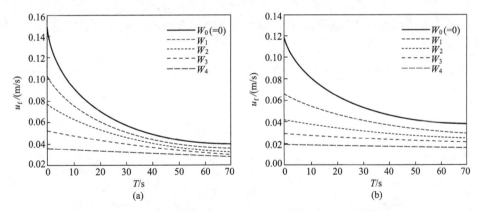

图 9-6　在不同的粉饼覆盖面积分率时瞬态渗滤速度的时间变化规律

（a）$\Delta p_{pulse}=6.3\text{MPa}$，$k_1=9.76\text{kPa·s/m}$，$k_2=386\text{kPa·s·m/kg}$，$c=24.3\text{mg/m}^3$，$T=60\text{s}$；

（b）$\Delta p_{pulse}=4.8\text{MPa}$，$k_1=9.33\text{kPa·s/m}$，$k_2=297\text{kPa·s·m/kg}$，$c=18.6\text{mg/m}^3$，$T=60\text{s}$

从图中还可以看出，单位面积粉饼质量越小，渗滤速度随时间减小得越剧烈，相反，在单位面积粉饼质量越大，渗滤速度随时间减小得越平缓，这主要是因为单位面积粉饼质量与粉饼厚度有关，单位面积粉饼质量很小时，粉饼厚度较薄，在过滤时只要有轻微的厚度变化，立刻会引起较大的渗滤速度的变化，因而在单位面积粉饼质量较小时轻微的质量变化会使得渗滤速度随过滤时间的增大急剧减小。

通过比较图 9-6 (a) 与图 9-6 (b) 发现, 在操作条件为图 9-6 (a) 时的初始渗滤速度要比操作条件为图 9-6 (b) 时的初始渗滤速度大, 这是由于操作条件为图 9-6 (a) 的脉冲反吹压力相对较大, 从而在清灰操作后操作条件为图 9-6 (a) 的清灰效果比操作条件为图 9-6 (b) 的清灰效果要理想, 从而附着的粉尘量较少, 从而在图 9-6 (a) 的操作条件下清灰之后进入下轮循环获得的初始渗滤速度就要比在图 9-6 (b) 的操作条件下的初始渗滤速度大。

9.6.3 单循环瞬态加权渗滤速度的影响

了解每轮过滤清灰循环中的瞬态加权渗滤速度的变化是很重要的, 因为过滤介质的渗滤速度直接与过滤的阻力相关, 渗滤速度越小其阻力就会越大。图 9-7 显示了每轮过滤清灰循环中的瞬态加权渗滤速度的时间变化规律, 从图中可以看出, 在每轮循环中, 瞬态加权渗滤速度随时间不断非线性变小, 这是因为随着单轮循环中的粉尘不断沉积导致单位面积的粉尘质量增加, 从而导致过滤阻力增大, 最终使得过滤时的瞬态加权渗滤速度不断变小, 并且在开始时瞬态加权渗滤速度下降得较快。而在后期瞬态加权渗滤速度下降较慢, 这是因为单位面积的粉饼质量较少。如前所述, 单位面积的粉饼质量越少, 则粉饼厚度越薄, 当粉饼厚度较薄时, 较微弱的变化容易引起过滤阻力较大的变化, 使得动能损失较大, 即瞬态加权渗滤速度减小, 反之亦然。在初始几轮过滤清灰循环中, 瞬态加权渗滤速度的时间特征曲线弯曲程度较大, 而循环次数越多, 曲线弯曲程度越小, 达到最终稳定状态, 速度的时间特征将发展成为一条稳定的曲线, 这说明了经过反复的循环之后, 粉尘的附着与吹脱基本上已达稳定状态。

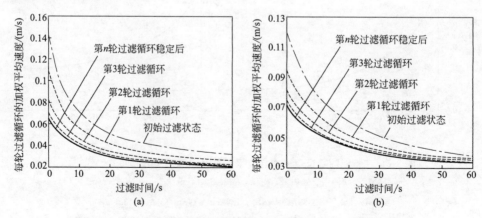

图 9-7　每轮过滤清灰循环中的瞬态加权渗滤速度的时间变化规律

(a) $\Delta p_{pulse}=6.3\text{MPa}$, $k_1=9.76\text{kPa}\cdot\text{s/m}$, $k_2=386\text{kPa}\cdot\text{s}\cdot\text{m/kg}$, $c=24.3\text{mg/m}^3$, $T=60\text{s}$;

(b) $\Delta p_{pulse}=4.8\text{MPa}$, $k_1=9.33\text{kPa}\cdot\text{s/m}$, $k_2=297\text{kPa}\cdot\text{s}\cdot\text{m/kg}$, $c=18.6\text{mg/m}^3$, $T=60\text{s}$

从图中观察发现, 每从一轮循环进入下一轮循环之后的瞬态加权渗滤速度的时间特征曲线减小的幅度会降低，并且降低的程度会由强到弱，这是因为每一轮过滤清灰循环之后，就会有一些稳定性粉尘（即不再受过滤与清灰的影响而牢牢地附着在管壁上的粉尘）的增加，并且刚开始时过滤材料的活性比较高，粉尘容纳量大，所以在开始时稳定性粉尘的增长量大，逐渐稳定性粉尘的增长量越来越小直到为零，这时瞬态加权渗滤速度的时间特征曲线就稳定下来。

通过比较图 9-7（a）的操作条件和图 9-7（b）的操作条件发现，每轮循环图 9-7（a）的值都要比图 9-7（b）的大，这主要是受脉冲喷吹压力的影响，由于图 9-7（a）的操作条件中喷吹压力比图 9-7（b）的操作条件中的喷吹压力大，使每次图 9-7（a）的操作条件的清灰效果都要优于图 9-7（b）的操作条件，这样在图 9-7（a）的操作条件下附着在管壁上的稳定性粉尘就要少一些，这样在过滤过程中产生的比饼阻相对就会少一些，从而瞬态加权渗滤速度会大一些。

9.7 本章小结

本章中所提出的模型能够很好地描述脉冲反吹清灰过滤过程中的非稳态过程，其中对两种情况进行了讨论，在这两种情况中分别讨论了不同的脉冲反吹压力、比管阻 k_1、比饼阻 k_2、含尘气体过滤浓度 c_0 和循环周期持续时间，并分别将 k_1 考虑为一个常数，将 k_2 考虑为一个函数形式，并考虑了粉饼的坍塌情况，对于多根陶瓷管组成的过滤系统，可以采用所提出的模型来了解脉冲反吹清灰过滤过程中的详细过程，既可以解决稳态清灰过滤问题，还可以解决非稳态问题，相对于以前那些简单的稳态模型来说更加适用，通过输入具体的参数可以求出每单位面积不同质量粉饼时的瞬态速度，并可以得到每轮循环中相应的加权速度表达式，所有的这些表达式的预测对于陶瓷过滤系统都是很有必要的。

参考文献

[1] Zhang W，Li C，Wei X，et al. Research of nanoparticles aerosol diffusion through ceramic porous medium. 2010 4th International Conference on Bioinformatics and Biomedical Engineering，2010：1-4.

[2] 付海明. 袋式除尘设备用表面过滤材料净化性能的模拟与实验研究. 上海：东华大学，2006.

[3] 徐海卫，李水清，宋蔷，等. 颗粒沉积量对细颗粒层清灰力和清灰效率的影响. 过程工程学报，2009，9（05）：848-853.

[4] 李海霞，姬忠礼，铁占续，等. 陶瓷过滤器脉冲清灰过程的数值模拟. 中国石油大学学报（自然科学版），2009，33（05）：130-134+147.

[5] Ravin M D，Humphries W. Filtration Separation. 1998，5/6：201-207. 1988.

[6] Ju J，Chiu M S，Tien C. A model for pulse jet fabric filters. Journal of the Air & Waste Management As-

sociation (1995)，2000，50（4）：600-612.

[7] Dittler A，Ferer M V，Mathur P，et al. Patchy cleaning of rigid gas filters—transient regeneration phenomena comparison of modelling to experiment. Powder Technology，2002，124（1）：55-66.

[8] 赵培涛，葛仕福，黄瑛，等．压滤式污泥过滤比阻测定方法．东南大学学报（自然科学版），2011，41（01）：155-159.

附录

附表 1 $n=6$ 时的 φ_{cake}-d_{rel}-D_f 对照表

d_{rel}	D_f																									
	1	1.08	1.16	1.24	1.32	1.4	1.48	1.56	1.64	1.72	1.8	1.88	1.96	2.04	2.12	2.2	2.28	2.36	2.44	2.52	2.6	2.68	2.76	2.84	2.92	3
0.590	0.392	0.392	0.392	0.392	0.392	0.392	0.392	0.392	0.392	0.392	0.392	0.392	0.391	0.391	0.391	0.390	0.389	0.387	0.385	0.381	0.377	0.370	0.360	0.345	0.324	0.294
0.610	0.434	0.434	0.434	0.434	0.434	0.434	0.433	0.433	0.433	0.433	0.433	0.433	0.433	0.432	0.432	0.431	0.430	0.428	0.425	0.422	0.416	0.409	0.398	0.382	0.359	0.325
0.630	0.478	0.478	0.478	0.478	0.478	0.478	0.478	0.478	0.477	0.477	0.477	0.477	0.477	0.476	0.476	0.475	0.473	0.471	0.469	0.465	0.459	0.450	0.438	0.421	0.395	0.359
0.650	0.524	0.524	0.524	0.524	0.524	0.524	0.524	0.524	0.524	0.524	0.524	0.523	0.523	0.523	0.522	0.521	0.519	0.517	0.514	0.510	0.504	0.494	0.481	0.462	0.435	0.395
0.670	0.572	0.572	0.572	0.572	0.572	0.572	0.572	0.572	0.572	0.572	0.572	0.572	0.571	0.571	0.570	0.569	0.567	0.565	0.562	0.557	0.550	0.540	0.526	0.506	0.476	0.433
0.690	0.622	0.622	0.622	0.622	0.622	0.622	0.622	0.622	0.621	0.621	0.621	0.621	0.620	0.620	0.619	0.618	0.616	0.614	0.610	0.605	0.598	0.587	0.572	0.550	0.518	0.472
0.710	0.671	0.671	0.671	0.671	0.671	0.671	0.671	0.671	0.671	0.670	0.670	0.670	0.670	0.669	0.668	0.667	0.665	0.662	0.659	0.653	0.646	0.634	0.618	0.595	0.561	0.512
0.730	0.718	0.718	0.718	0.718	0.718	0.718	0.718	0.718	0.718	0.718	0.717	0.717	0.717	0.716	0.715	0.714	0.712	0.709	0.706	0.700	0.692	0.680	0.663	0.639	0.604	0.553
0.750	0.762	0.762	0.762	0.762	0.762	0.762	0.762	0.762	0.762	0.762	0.762	0.762	0.761	0.760	0.760	0.758	0.756	0.753	0.749	0.744	0.735	0.723	0.706	0.681	0.644	0.592
0.770	0.803	0.803	0.803	0.803	0.803	0.803	0.803	0.803	0.803	0.803	0.803	0.802	0.802	0.801	0.800	0.799	0.797	0.794	0.790	0.784	0.776	0.763	0.745	0.720	0.682	0.629
0.790	0.840	0.840	0.840	0.840	0.840	0.840	0.840	0.840	0.840	0.840	0.839	0.839	0.839	0.838	0.837	0.836	0.834	0.831	0.827	0.821	0.812	0.800	0.782	0.756	0.718	0.664
0.810	0.873	0.873	0.873	0.873	0.873	0.873	0.873	0.873	0.873	0.872	0.872	0.872	0.871	0.871	0.870	0.868	0.866	0.864	0.859	0.853	0.845	0.832	0.814	0.788	0.750	0.696
0.830	0.901	0.901	0.901	0.901	0.901	0.901	0.901	0.901	0.901	0.901	0.901	0.900	0.900	0.899	0.898	0.897	0.895	0.892	0.888	0.882	0.873	0.861	0.843	0.817	0.779	0.725
0.850	0.926	0.926	0.926	0.926	0.926	0.926	0.926	0.926	0.926	0.925	0.925	0.925	0.924	0.924	0.923	0.921	0.920	0.917	0.913	0.907	0.898	0.886	0.868	0.842	0.805	0.752
0.870	0.946	0.946	0.946	0.946	0.946	0.946	0.946	0.946	0.946	0.946	0.946	0.945	0.945	0.944	0.943	0.942	0.940	0.937	0.933	0.928	0.919	0.907	0.890	0.864	0.828	0.775

附表 2　$n=8$ 时的 φ_{cake} - d_{rel} - D_f 对照表

d_{rel}	\multicolumn{26}{c}{D_f}

d_{rel}	1	1.08	1.16	1.24	1.32	1.4	1.48	1.56	1.64	1.72	1.8	1.88	1.96	2.04	2.12	2.2	2.28	2.36	2.44	2.52	2.6	2.68	2.76	2.84	2.92	3
0.577	0.318	0.318	0.318	0.318	0.318	0.318	0.318	0.318	0.318	0.318	0.317	0.317	0.317	0.317	0.316	0.316	0.315	0.314	0.312	0.309	0.305	0.300	0.291	0.280	0.263	0.238
0.597	0.352	0.352	0.352	0.352	0.352	0.352	0.352	0.352	0.352	0.352	0.352	0.352	0.351	0.351	0.350	0.350	0.349	0.347	0.345	0.342	0.338	0.332	0.323	0.310	0.291	0.264
0.617	0.389	0.389	0.389	0.389	0.389	0.389	0.389	0.389	0.389	0.389	0.388	0.388	0.388	0.388	0.387	0.386	0.385	0.384	0.381	0.378	0.373	0.367	0.357	0.342	0.322	0.292
0.637	0.428	0.428	0.428	0.428	0.428	0.428	0.428	0.428	0.428	0.428	0.428	0.427	0.427	0.427	0.426	0.425	0.424	0.422	0.420	0.416	0.411	0.404	0.393	0.377	0.354	0.322
0.657	0.469	0.469	0.469	0.469	0.469	0.469	0.469	0.469	0.469	0.469	0.469	0.469	0.468	0.468	0.467	0.467	0.465	0.463	0.461	0.457	0.451	0.443	0.431	0.414	0.389	0.354
0.677	0.513	0.513	0.513	0.513	0.513	0.513	0.513	0.513	0.513	0.513	0.512	0.512	0.512	0.511	0.511	0.510	0.508	0.506	0.503	0.499	0.493	0.484	0.471	0.453	0.426	0.387
0.697	0.558	0.558	0.558	0.558	0.558	0.558	0.558	0.558	0.558	0.558	0.558	0.557	0.557	0.556	0.556	0.555	0.553	0.551	0.548	0.543	0.537	0.527	0.513	0.493	0.465	0.423
0.717	0.604	0.604	0.604	0.604	0.604	0.604	0.604	0.604	0.604	0.604	0.604	0.604	0.603	0.603	0.602	0.601	0.599	0.597	0.593	0.588	0.581	0.571	0.556	0.535	0.504	0.460
0.737	0.651	0.651	0.651	0.651	0.651	0.651	0.651	0.651	0.651	0.651	0.650	0.650	0.650	0.649	0.648	0.647	0.645	0.643	0.639	0.634	0.627	0.616	0.600	0.577	0.545	0.497
0.757	0.698	0.698	0.698	0.698	0.698	0.698	0.698	0.698	0.698	0.697	0.697	0.697	0.697	0.696	0.695	0.694	0.692	0.689	0.686	0.680	0.672	0.661	0.644	0.620	0.586	0.536
0.777	0.743	0.743	0.743	0.743	0.743	0.743	0.743	0.743	0.743	0.742	0.742	0.742	0.742	0.741	0.740	0.739	0.737	0.734	0.730	0.724	0.716	0.704	0.687	0.662	0.626	0.574
0.797	0.787	0.787	0.787	0.787	0.787	0.787	0.787	0.787	0.787	0.787	0.787	0.786	0.786	0.785	0.784	0.783	0.781	0.778	0.774	0.768	0.759	0.747	0.729	0.703	0.665	0.611
0.817	0.830	0.830	0.830	0.830	0.830	0.830	0.830	0.830	0.830	0.829	0.829	0.829	0.828	0.827	0.827	0.825	0.823	0.820	0.816	0.810	0.801	0.788	0.769	0.743	0.704	0.648
0.837	0.868	0.868	0.868	0.868	0.867	0.867	0.867	0.867	0.867	0.867	0.867	0.866	0.866	0.865	0.864	0.863	0.861	0.858	0.853	0.847	0.838	0.825	0.806	0.779	0.739	0.682
0.857	0.900	0.900	0.900	0.900	0.900	0.900	0.900	0.900	0.900	0.900	0.900	0.899	0.899	0.898	0.897	0.896	0.894	0.891	0.886	0.880	0.871	0.857	0.838	0.811	0.771	0.713
0.877	0.928	0.928	0.928	0.928	0.928	0.928	0.928	0.928	0.928	0.928	0.928	0.927	0.927	0.926	0.925	0.924	0.921	0.918	0.914	0.908	0.899	0.885	0.866	0.839	0.799	0.742
0.897	0.951	0.951	0.951	0.951	0.951	0.951	0.951	0.951	0.951	0.951	0.950	0.950	0.950	0.949	0.948	0.947	0.944	0.941	0.937	0.931	0.922	0.909	0.890	0.863	0.824	0.767

附表3 n=12时的 φ_{cake} - d_{rel} - D_f 对照表

d_{rel}	D_f																									
	1	1.08	1.16	1.24	1.32	1.4	1.48	1.56	1.64	1.72	1.8	1.88	1.96	2.04	2.12	2.2	2.28	2.36	2.44	2.52	2.6	2.68	2.76	2.84	2.92	3
0.800	0.678	0.678	0.678	0.678	0.678	0.678	0.678	0.678	0.678	0.678	0.678	0.677	0.677	0.676	0.675	0.674	0.672	0.669	0.665	0.660	0.651	0.639	0.622	0.597	0.561	0.509
0.810	0.704	0.704	0.704	0.704	0.704	0.704	0.704	0.704	0.704	0.704	0.703	0.703	0.703	0.702	0.701	0.700	0.698	0.695	0.691	0.685	0.676	0.664	0.646	0.620	0.582	0.528
0.820	0.730	0.730	0.730	0.730	0.730	0.730	0.730	0.730	0.730	0.730	0.729	0.729	0.729	0.728	0.727	0.726	0.724	0.721	0.716	0.710	0.701	0.688	0.670	0.643	0.604	0.548
0.830	0.757	0.757	0.757	0.757	0.757	0.756	0.756	0.756	0.756	0.756	0.756	0.756	0.755	0.754	0.753	0.752	0.750	0.747	0.742	0.736	0.727	0.713	0.694	0.666	0.626	0.568
0.840	0.783	0.783	0.783	0.783	0.783	0.783	0.783	0.783	0.783	0.783	0.783	0.782	0.782	0.781	0.780	0.778	0.776	0.773	0.769	0.762	0.752	0.739	0.719	0.690	0.648	0.588
0.850	0.809	0.809	0.809	0.809	0.809	0.809	0.809	0.809	0.809	0.809	0.808	0.808	0.807	0.807	0.806	0.804	0.802	0.799	0.794	0.787	0.777	0.763	0.743	0.713	0.670	0.609
0.860	0.834	0.834	0.834	0.834	0.834	0.834	0.834	0.834	0.834	0.833	0.833	0.833	0.832	0.832	0.830	0.829	0.827	0.823	0.818	0.811	0.801	0.787	0.766	0.736	0.692	0.629
0.870	0.857	0.857	0.857	0.857	0.857	0.857	0.857	0.857	0.857	0.857	0.857	0.856	0.856	0.855	0.854	0.852	0.850	0.846	0.842	0.834	0.824	0.809	0.788	0.757	0.713	0.648
0.880	0.879	0.879	0.879	0.879	0.879	0.879	0.879	0.879	0.879	0.879	0.879	0.878	0.878	0.877	0.876	0.874	0.872	0.868	0.863	0.856	0.846	0.831	0.809	0.778	0.732	0.667

d_{rel}	0.59	0.61	0.63	0.65	0.67	0.69	0.71	0.73	0.75	0.77	0.79	0.81	0.83	0.85	0.87
φ_{inter}	0	0.001	0.003	0.007	0.014	0.024	0.037	0.056	0.079	0.105	0.134	0.165	0.197	0.229	0.263

附表 5　$n=8$ 时的 φ_{inter}-d_{rel} 对照表

d_{rel}	0.587	0.607	0.627	0.647	0.667	0.687	0.707	0.727	0.747	0.767	0.787
φ_{inter}	0	0.001	0.002	0.004	0.008	0.014	0.022	0.031	0.042	0.057	0.074
d_{rel}	0.807	0.827	0.847	0.867	0.887	0.907	0.927	0.947	0.967	0.987	
φ_{inter}	0.091	0.113	0.138	0.167	0.198	0.231	0.265	0.300	0.336	0.372	

附表 6　$n=12$ 时的 φ_{inter}-d_{rel} 对照表

d_{rel}	0.8	0.81	0.82	0.83	0.84	0.85	0.86	0.87	0.88
φ_{inter}	0	0	0.001	0.004	0.006	0.009	0.013	0.020	0.030

附表 7　由测量孔隙率与分形维数计算的坍塌前团聚体间孔隙率

$\varphi_{\text{cake,test}}$	D_{f}	d_{rel}			φ_{inter}			$\varphi_{\text{inter,init}}$		
		$n=6$	$n=8$	$n=12$	$n=6$	$n=8$	$n=12$	$n=6$	$n=8$	$n=12$
0.718	1.74	0.730	0.766	0.809	0.056	0.057	0.001	0.476	0.359	0.259
0.868	1.64	0.806	0.838	0.875	0.159	0.127	0.025	0.477	0.359	0.262
0.774	1.88	0.756	0.792	0.835	0.087	0.078	0.005	0.477	0.359	0.265
0.753	1.83	0.746	0.782	0.824	0.074	0.070	0.002	0.476	0.359	0.263
0.747	1.91	0.743	0.779	0.834	0.071	0.067	0.005	0.477	0.359	0.264
0.776	1.87	0.769	0.792	0.831	0.104	0.078	0.004	0.477	0.359	0.264
0.721	1.93	0.732	0.798	0.823	0.058	0.083	0.002	0.476	0.359	0.262

附表 8　根据文献中所报道的配位数由坍塌前的初始孔隙率计算出的配位数

$n=6$				$n=8$				$n=12$			
R-T[#]	Rumpf	Shinohara	偏差	R-T[#]	Rumpf	Shinohara	偏差	R-T[#]	Rumpf	Shinohara	偏差
6.54	6.6	6.502	0.549	8.71	8.75	9.228	0.899	12.15	12.21	11.922	0.093
6.51	6.58	6.467	0.521	8.71	8.74	9.218	0.889	11.93	12.05	11.827	0.063
6.52	6.59	6.48	0.532	8.71	8.75	9.223	0.894	11.78	11.93	11.754	0.177
6.53	6.59	6.487	0.537	8.72	8.76	9.235	0.906	11.89	12.01	11.804	0.099
6.51	6.58	6.467	0.521	8.71	8.74	9.218	0.889	11.82	11.96	11.771	0.151
6.53	6.59	6.482	0.533	8.72	8.76	9.233	0.904	11.84	11.98	11.782	0.134
6.53	6.59	6.487	0.537	8.72	8.76	9.235	0.906	11.9	12.03	11.813	0.086

注：R-T[#] 为 Ridgway & Tarbuck 的缩写形式。